电控液晶微透镜及其成像技术原理

康胜武 张新宇 著

国防工业出版社
·北京·

内 容 简 介

本书总结了作者及其课题组多年来的研究成果，主要研究电控液晶微结构器件及其成像技术。本书以液晶分子的动力学理论为依据，设计出多种图案化电极并对液晶分子的指向矢分布进行计算机仿真，深入研究了可调焦摆焦液晶微透镜、双模一体化液晶微透镜阵列及其复合结构、可寻址仿生复眼液晶微透镜阵列以及红外电控液晶器件，并进一步探讨了液晶微透镜制作的关键工艺和电控装置。

本书适合从事光电子学、微纳光学器件、液晶微透镜技术、光学透镜成像技术等领域研究的科研人员阅读，也可作为高等院校师生的教学参考用书。

图书在版编目(CIP)数据

电控液晶微透镜及其成像技术原理 / 康胜武，张新宇著. —北京：国防工业出版社，2019.11
ISBN 978 - 7 - 118 - 11469 - 0

Ⅰ.①电… Ⅱ.①康… ②张… Ⅲ.①电气控制 – 液晶 – 光学透镜 – 透镜成像 – 研究 Ⅳ.①TH74

中国版本图书馆 CIP 数据核字(2019)第 221127 号

※

国防工业出版社出版发行
(北京市海淀区紫竹院南路23号　邮政编码100048)
北京虎彩文化传播有限公司印刷
新华书店经售

*

开本 710×1000　1/16　印张 10½　字数 192 千字
2019 年 11 月第 1 版第 1 次印刷　印数 1—1000 册　定价 158.00 元

(本书如有印装错误，我社负责调换)

国防书店：(010)88540777　　　发行邮购：(010)88540776
发行传真：(010)88540755　　　发行业务：(010)88540717

前　　言

　　本书是作者在总结了课题组多年的研究成果基础上撰写而成的，提出了多种新型的具有复杂图案化电极的液晶微透镜，对其光学及电学特性做了系统、深入地研究并取得了阶段性的成果，主要在液晶微透镜的图案化电极设计与仿真、液晶微透镜的有限元建模、各种功能液晶微透镜的设计、微透镜的成像特性、红外电控液晶器件、液晶微透镜关键制备工艺及阵列式电控装置等方面进行了详细的研究，撰写本书主要是对目前国内在液晶微透镜技术方面的研究做一个阶段性总结，并为相关科研人员开展后续工作提供相应的理论和技术支撑。

　　本书共8章。第1章综述了液晶器件的研究现状；第2章主要讨论了图案化电极液晶微透镜设计与仿真；第3章主要讨论了液晶微透镜的三维有限元建模问题；第4章主要讨论了电调焦摆焦液晶微透镜；第5章讨论了双模一体化液晶微透镜阵列及复合结构；第6章讨论了电控可寻址仿生复眼液晶微透镜阵列；第7章讨论了红外电控液晶器件；第8章归纳总结了液晶微透镜制作的关键工艺及电控装置。

　　本书获得了国家自然科学基金项目（编号：60777003及61176052）和多项国防预研基金和航天基金项目的资助和支持，在此一并表示衷心感谢。

　　全书内容与章节安排由康胜武策划；第1、2章和第4～8章由康胜武撰写；第3章由梅再红撰写；张新宇教授整理了全书撰写计划与思路，并对全书进行了审核。

　　作者感谢在整个研究过程中做出贡献的硕士生和博士生，他们是汪继平、荣幸、陈鑫、梅再红、刘剑峰、可迪群、吴立、吴立丰、张怀东、刘侃博士、李晖博士。

　　作者感谢相关审稿专家对书稿修改所提出的宝贵、中肯的意见和建议。

　　由于作者的水平有限，书中难免会有疏漏与不足之处，恳请读者批评指正。

著者
武汉轻工大学
2019.10

目　　录

第1章　绪论 ... 1
1.1　课题背景及意义 ... 1
1.2　液晶材料和液晶器件国内外研究现状 ... 5
1.2.1　液晶技术的发展 ... 5
1.2.2　液晶器件的国内外研究状况 ... 9

第2章　图案化电极液晶微透镜 ... 17
2.1　设计电控液晶微透镜的理论依据 ... 17
2.1.1　液晶分子的指向矢分布 ... 17
2.1.2　电驱控状态下的液晶自由能 ... 19
2.2　液晶分子空间分布状态数值计算 ... 21
2.2.1　液晶基数值计算基本方法 ... 21
2.2.2　液晶指向矢微分方程的求解方法 ... 23
2.3　基于图案化电极液晶微透镜电光特征 ... 25
2.3.1　图案化电极仿真 ... 25
2.3.2　图案化电极液晶微透镜的光学特性 ... 33

第3章　液晶微透镜的三维有限元建模 ... 37
3.1　液晶微透镜的数值计算方法 ... 37
3.1.1　离散化与插值函数 ... 40
3.1.2　单元矩阵与向量 ... 42
3.1.3　坐标变换下单元矩阵的数值计算 ... 45
3.1.4　单元向量的数值计算 ... 48
3.1.5　总体矩阵与向量 ... 54
3.2　边界条件 ... 58
3.2.1　狄利克雷边界条件 ... 58
3.2.2　诺伊曼边界条件 ... 60
3.2.3　周期性边界条件 ... 61
3.2.4　电势的边界条件 ... 63
3.3　指向矢与电势的计算 ... 63

第 4 章　电调焦电摆焦液晶微透镜 ······ 66
4.1　电控微透镜电调焦电摆焦特性分析 ······ 67
4.1.1　液晶分子的电驱控行为 ······ 67
4.1.2　液晶微透镜焦点电调摆原理 ······ 69
4.2　单圆孔电调焦摆焦液晶微透镜 ······ 72
4.2.1　具有调摆焦功能的图案化电极 ······ 72
4.2.2　电调摆焦液晶微透镜的电光特性 ······ 72
4.3　通光孔径可切换的电控液晶微透镜 ······ 79
4.3.1　双通光孔径液晶微透镜的图案化电极设计 ······ 80
4.3.2　通光孔径可切换液晶微透镜的电光特性 ······ 80

第 5 章　双模一体化液晶微透镜阵列及复合结构 ······ 85
5.1　常规成像透镜的光学特性 ······ 85
5.2　双模一体化液晶微透镜阵列 ······ 89
5.2.1　会聚发散功能一体化微透镜的电极设计 ······ 89
5.2.2　电控光会聚、发散的原理及特性 ······ 90
5.3　复合电控液晶微透镜阵列 ······ 95
5.3.1　微透镜阵列复合结构的设计依据 ······ 95
5.3.2　复合微透镜阵列的电极设计及光学特性 ······ 98

第 6 章　电控可寻址仿生复眼液晶微透镜阵列 ······ 105
6.1　基于仿生应用的液晶微透镜阵列 ······ 106
6.1.1　微透镜阵列的结构特征 ······ 106
6.1.2　液晶微透镜阵列的空间频谱成像特征 ······ 107
6.2　空间分辨率可电调变的液晶微透镜阵列 ······ 111
6.2.1　双孔径液晶微透镜阵列的电极特征 ······ 111
6.2.2　双层图案化电极液晶微透镜阵列的光学特性 ······ 112
6.3　可寻址区块化驱控的液晶微透镜 ······ 118
6.3.1　微透镜的图案化电极设计 ······ 118
6.3.2　可寻址液晶微透镜的光学特性 ······ 119

第 7 章　红外电控液晶器件 ······ 124
7.1　红外液晶 FP 腔及微透镜阵列 ······ 125
7.1.1　红外液晶光学器件的材料选型 ······ 125
7.1.2　红外液晶 FP 腔和红外液晶透镜阵列的设计原理及结构 ······ 125
7.2　红外液晶器件的电控光学特性 ······ 129

第8章 液晶微透镜制作的关键工艺及电控装置 ················· 137
 8.1 主要制备材料的物性与电光特征 ························· 137
 8.2 液晶微透镜的关键制备工艺 ····························· 140
 8.3 基于多模态控光的阵列化电控装置 ······················· 144
  8.3.1 高精度低压旋钮式电控装置 ······················· 144
  8.3.2 数字显示屏双控制方式高压电控装置 ··············· 148

参考文献 ··· 155

第1章 绪 论

1.1 课题背景及意义

早在20世纪60年代,人类就利用地球卫星搭载探测器来获取地球的地理信息。随着科技的进步,近些年来在材料、微电子、微加工和计算机技术等方面都有了迅猛的发展,对获取目标信息的要求也越来越高,波谱范围已由可见光波段发展到红外、紫外和太赫兹波段。成像技术也经历了全色成像、多光谱成像到高光谱,甚至是超光谱成像过程。在传统的成像过程中通常利用光能量等级来辨别不同的物体,随后出现了通过选择基于物体波谱特性的滤波片来达到提高对大气、水体、土壤和农作物等的辨别能力。美国喷气推进实验室于20世纪80年代初,首次提出光谱成像概念,将成像技术和光谱技术紧密结合在一起,随后出现了多光谱、高光谱和超光谱技术。与常规宽谱光电探测技术相比,谱成像探测技术能够提供更丰富、更细腻的目标场景信息,其在目标识别、目标检测和目标背景抑制等技术领域都有重要应用。

多光谱成像系统最早应用在星载图像传感器上,如典型的法国空间研究中心(CNES)于20世纪80年代研制成功的SPOT-1卫星系统,如图1-1所示。卫星搭载两台辨识率很高的可见光波段传感器,应用了光电型扫描仪,其分辨率可达十几米。如果采用双垂直形式进行扫描时,两传感器可以对区域面积逾100km^{2}的范围进行扫描,而且可以形成双SPOT图像,图1-2所示为SPOT-6拍摄的卫星影像[1]。

图1-1 法国SPOT-1卫星系统

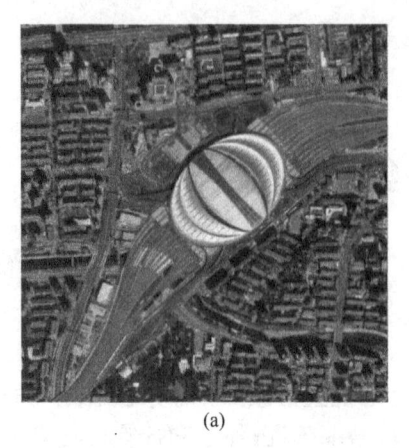

图 1-2 通过 SPOT-6 拍摄的卫星影像

20 世纪 70 年代,美国气象卫星搭载的特殊光学摄像机及光电扫描仪,其分辨率可达为 70~80m,而且包含多个谱段。多光谱成像是基于几个连续的光谱波带而开展成像探测应用,20 世纪 80 年代产生的用于遥感目的的高光谱技术则把波带数拓展得更多,把光谱分辨率拓展得更细,其最早的应用是机载成像光谱仪,后来发展到先进的可见和红外成像光谱仪,它们主要由美国、俄罗斯、日本、中国和欧洲等国家研制。世界首台星载高光谱成像仪是 NASA 在 1997 年发射升空的,它包含了 384 个波段,涵盖了 400~2500nm 波长范围。现在的光谱成像技术已经发展到超光谱时代,超光谱成像仪在红外波段就能利用数千个波带。图 1-3 是美国 Landsat-7 卫星,图 1-4 是由 Landsat-7 拍摄的卫星影像[2]。

图 1-3 美国 Landsat-7 卫星

各种高性能的焦平面成像探测器是谱成像技术中的关键装置,而成像透镜又是成像探测中与焦平面探测器匹配的核心元器件,其性能好坏直接关系到成像的质量。成像探测器已从最初的军事应用扩展到工业、农业、气象、水文、航空航天等多个领域,这也给成像设备提出了更多、更高的要求。随着新概念、新材料、新工艺和新方法的不断发展,光电成像芯片的尺寸越来越小,高储能的电源模块也不断更新,这些都使得成像装置日益朝着微型化、集成化和智能化方向发

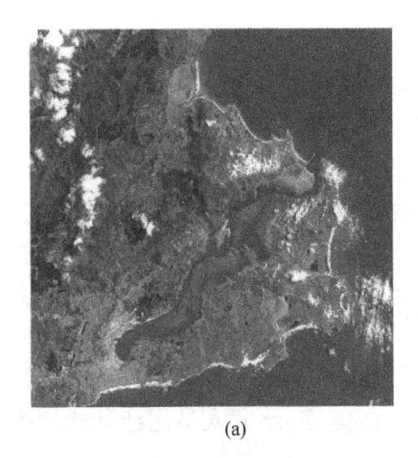

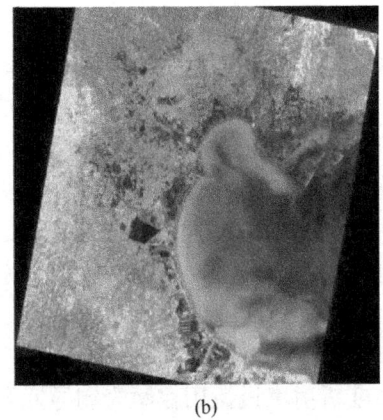

图 1-4 Landsat-7 拍摄的卫星影像

展,而基于传统光学透镜的光束处理和变换能力却跟不上新技术的要求。另外,在军事、工业制造和宇航等特殊领域中,经常会出现高温、高速、高振动和高噪声等复杂恶劣环境,这对成像设备的成像范围、成像质量、响应速度、抗干扰能力和使用寿命等性能提出了更高的要求,这些都使透镜的设计面临巨大的挑战,也迫使科研人员要不断设计出新型的能满足各种要求的成像透镜,同时给焦平面探测器增加控光处理的微纳光学结构,以管控波前、波矢、偏振、波谱、能量、发散和会聚等光模态,从而提高对成像质量的控制能力。

与探测器集成的成像微透镜通常可分为固定折射率透镜和变折射率透镜。固定折射率透镜按制作材料又可分为:硅胶透镜,其体积小、耐高温;塑胶透镜,制作工艺简单,易量化生产,但耐温性能差,透光率不高;玻璃透镜,耐高温透光率高,但制作成本高,很难量产且易破碎。在实际应用中,技术人员又根据不同的要求对固定折射率透镜的功能进行了不断扩展,研制了各种新型的透镜,如衍射光学透镜,传统的光学设计是根据光的折射定律和介质折射率,通过计算光线的入射出射角度来精确设计透镜形状和尺寸,而衍射光学透镜则是利用了入射光透过物体边缘时向不同方向进行散射的性质来进行设计的,塑料和玻璃材料都可以通过光刻技术来制作这类光学元件。衍射光学透镜在能量密度整形、色差校正、分光和扩束等方面都有着广泛的应用。透镜阵列是固定折射率透镜发展的另一个重要方向,当今光学器件越来越体现出微型化、阵列化、集成化和智能化的特征,为了充分利用光信息的并行特性,必须采用规则排列的、密集的透镜阵列,以达到对光信息进行传输和变换的目的。目前已经研制出多种光学阵列器件,如光开关阵列[3-12]、光波分复用器[13-17]、光学神经网络系统[18-22]、光学微透镜阵列[23-29]等,这些都为光阵列器件开辟了广阔的应用前景。

变折射率透镜是光学透镜的一个重要发展分支,传统光学透镜的折射率都是均匀的,为了达到对光线的会聚及发散作用,必须通过计算曲率半径、介质折射率和介质厚度才能设计出符合要求的玻璃透镜。后来,研究人员发现利用变折射率的非均匀介质制作的透镜也能达到同样的功能,这种光学器件称为梯度折射率透镜[30,31],依据折射率变化方向的不同,可以把该类透镜分为折射率沿轴向连续变化、沿径向连续变化和折射率点对称分布3种类型。20世纪初,首个用明胶制作的梯度折射率透镜发明成功,在20世纪60年代日本和美国又先后研制出用玻璃和塑料做的梯度折射率透镜,并且进一步开展理论研究,此后在70年代又召开了与其相关的成像系统的首次国际大会,这种新型透镜引起了各国的高度关注。梯度折射率透镜主要应用在光纤通信和成像上[32-35],美国是最早把梯度折射率透镜用在激光制导武器上的国家,研究人员用卵状梯度折射率透镜替代激光制导系统中的半球形透镜,使导弹的空气阻尼系数下降并减小了重量,提高了整个武器系统的性能。

在很多应用场合往往需要焦距可改变的透镜,因此科研人员又研制出变焦透镜,目前常规可调焦成像透镜分为手动式和电动式(图1-5),两种类型透镜实质上是由多个正负透镜构成的透镜组,通过移动镜头内部镜片来改变焦距得到不同的视角大小和景深范围。变焦透镜最大的特点是不依靠快速切换镜头来达到焦距变换,而是通过移动镜片位置来实现焦距的无级变换,并且清晰度不会下降。但是现有可调焦成像透镜仍然存在着无法克服的缺陷:由于它是由多个透镜或透镜组级联而构成的,这就限定了它的体积必然很大;在任何确定的焦距下,其成像质量比不上相应的定焦透镜;其调焦部分需要依靠外部机械结构,若要实现自动调焦,则必须要有高精度伺服电机组成的闭环控制系统,其响应速度受机械和电气结构的约束很难提高;焦点只能沿光轴进行移动,尚不能实现焦点在焦平面上偏移的摆焦功能;由于结构原因,使它无法做到微型化,也很难和其他光电元件进行集成。综合以上透镜特性可以看出,若要通过已有的透镜材料如明胶、塑料或玻璃来实现一种既可改变折射率又能调焦摆焦功能的透镜,目前还无法达到,必须寻找新型的透镜材料。液晶自发现以来受到了研究人员的极大关注,其特殊的光电特性使它适合做透镜材料,特别是液晶层在外电场作用下可以形成折射率的梯度分布,这使得电控调焦的简化透镜由设想变为可能。

(a) 手动调焦透镜 　　(b) 电动调焦透镜

图1-5　常规可调焦成像透镜

目前国内关于多谱成像技术中光学探测系统的理论研究与成品开发刚开始不久,对于电可调焦成像液晶微透镜的研究尚处于空白阶段,国外有关光谱成像透镜的文献也仅限于可见光波段,各种先进的成像光谱仪对中国是严格管制的,红外波段的成像光谱仪是完全对中国禁运的,凡是有关红外波段的关键原材料也是需严格审批。国外对于成像液晶透镜的研究也处在起步阶段,多数文献都是针对液晶透镜电极结构及新型材料展开的,关于成像方面的报道还较少,鉴于军事应用的潜在性,尚没有关于红外波段成像液晶透镜的相关文献。由于成像电控液晶透镜的突出特性及巨大的军事和商业应用价值,因此不论从基础理论研究还是实用研发的角度来讲,国内都应给予高度关注并积极开展相关方面的研究工作,这不仅对填补国内在此领域的空白有重要意义,而且也促使国内早日摆脱对成像光谱仪器的进口依赖,尽快走上自主研发的道路。

1.2 液晶材料和液晶器件国内外研究现状

1.2.1 液晶技术的发展

物质有固体、液体和气体3种基本状态,固体又有晶态和非晶态之分。对于气态物质,分子间的距离远远大于分子自身尺寸,因而分子间除碰撞之外几乎不发生相互作用,分子没有确定位置也没有特殊的取向,分子在容器内呈现无规则的运动状态;对于液态物质,分子间的距离略大于分子自身尺寸,分子间的作用力较强,分子在相互作用下做无序运动且具有流动性;对于固体物质,分子或原子间的距离与自身尺寸相当,分子相互作用最强,晶态固体中的分子排列规则且在平衡位置上会做微小振动即热运动,宏观上呈现长程有序状态,若在外部施加压力则晶体会发生弹性形变。当固态晶体加热到熔点时,分子不再具有取向有序性和位置有序性,而是完全无序的自由移动,宏观上呈现流动状态。自然界中的大多数物质都处于这3种状态,但有些特殊材料在温度变化过程中,并不直接由固体晶态转变成液态,而是处于具有取向有序性而无位置有序性的中间态即液晶态。

液晶的起源最早在20世纪80年代末,由奥地利的科学家 F. Reinitzer 在研究胆甾醇过程中发现了热致型液晶及双折射现象。德国物理学家 O. Lehmann 对 F. Reinitzer 的胆甾醇物质作了进一步的研究,利用偏光显微镜观察到了安息香胆甾醇的混浊状态,并发现当加上外部电场时会形成类似单晶的白色网状条纹,至此才正式确认液晶的存在并引起了物理学家的极大关注,相应的研究工作也随即展开。图1-6所示为各种类型液晶材料。

液晶的特点体现在两个方面:一是它的力学性质、磁学性质、电学性质和光

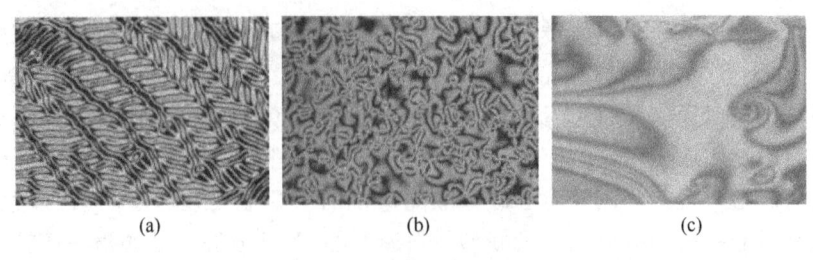

图 1-6 各种类型液晶材料

学性质都与排列有关,类似于晶体的各向异性;二是它具有类似普通液态的流动性。虽然液晶兼有液体和晶体的性质,但它又有不同于液体和晶体的特殊的电光学和磁光学特性。根据液晶形成的外部条件不同,可把它分为两种类型:当液晶相的转变是由溶剂浓度变化引起的,称为溶致液晶;当液晶相的转变是由温度变化引起的,称为热致液晶。组成物质的分子形状和结构多种多样,其排列和相互作用直接影响物质的物理性质,如晶体中的分子多为球形和接近球形,可以在点阵上自由转动使其在外力作用下易产生形变,而液晶分子的形状是非球形的,根据组成液晶分子的形状不同,可以把液晶分布成长棒状分子液晶和盘状分子液晶,长棒状分子液晶的特点是分子具有细长棒状结构而且是刚性的,又根据分子的排列方式不同,可以把长棒状分子液晶分成 3 种类型,即向列相、胆甾相和近晶相[36,37]。

1. 向列相液晶

向列相液晶是应用最多、最简单的液晶相,向列相液晶分子的排列具有两种特性:位置无序性,即每个分子的具体位置是自由无序的;长程取向有序性,即每个分子沿某个方向排列的取向是有序的。实际上向列相液晶中的分子由于热运动会发生相互摩擦和碰撞,分子的指向是随机和杂乱无章的,但是平均各瞬间的指向方向,则液晶分子的排列会倾向于某一方向,该平均方向就是液晶分子的指向矢。另外,当液晶处于内能最小的稳定状态时,其分子的平均方向也可以作为指向矢方向。为了定量描述液晶分子排列的有序性,引入了取向序参数的概念。对于完全无序的分子排列系统其序参数为 0,而对于完全有序的分子排列系统其序参数则为 1,一般液晶的典型序参数为 0.3~0.9。

材料的序参数是温度函数,温度越高序参数越小,各向同性状态时分子处于无序状态,序参数等于零,当温度下降时分子间相互作用大于热运动,序参数不为零,若温度进一步下降,序参数逐渐变大而接近于 1,向列相液晶的各向异性也逐渐表现出来,最主要的特征是指向矢平行方向的介电常数 $\varepsilon_\parallel$ 和垂直方向的介电常数 $\varepsilon_\perp$ 之间的差值 $\Delta\varepsilon$(折射率差 Δn)会随着序参数的增大而变大,这也是液晶器件对温度有依赖性的原因。

2. 胆甾相液晶

胆甾相液晶的特点是在任意平面内分子长轴的指向是一致的,相邻两平面内的分子指向偏转很小,而各平面内的指向矢则围绕垂直于平面的螺旋轴旋转,当指向矢旋转 2π 角度时,沿螺旋轴方向移动的距离定义为螺距 p,胆甾相液晶的结构是以 p 为周期的螺旋结构,p 值为正称为右手螺旋,为负则称为左手螺旋。在一般的向列相液晶中加入胆甾醇酯也可得到胆甾相液晶,向列相液晶可看成是 p 为无穷大的胆甾相液晶。

胆甾相液晶由于其指向矢的螺旋结构而具有特殊的光学性质,光在液晶中传播时偏振状态与相速度不会改变。当光学螺距远大于光波长时,透射光是沿着螺旋轴旋转的线偏光;当光学螺距近似于光波长时会发生布拉格反射现象,透射光是两个电矢量旋转方向相反的圆偏振光,旋转方向与螺旋轴旋转方向一致的圆偏振光发生反射,另一个圆偏振光正常通过;当光学螺距远小于光波长时,透射光仍是两个电矢量旋转方向相反的圆偏振光,但以不同的相速度进行传播而不发生布拉格反射现象。

3. 近晶相液晶

近晶相液晶的特点是液晶分子呈层状排列,在各层中分子平行排列表现出取向有序性,而在层的法线方向上分子表现出位置有序性,但分子在层中的位置是无序的,能自由流动,因而其黏度系数要比向列相液晶和胆甾相液晶大。根据液晶分子相对于层面的取向方式不同,可以把近晶相液晶分为 3 类,即近晶 A 相、近晶 B 相和近晶 C 相。

近晶 A 相的液晶分子间是相互平行排列的,其指向矢与层秩序方向是平行的,与层面是垂直的,分子的质心在层内是长程无序的且分子在层内可以自由移动,各层之间可以相对地进行滑动。分子层的厚度近似于是分子的体长。近晶 B 相的液晶分子质心位置在层内仍是有序的且呈六角点阵排列,但已不具有流体的性质。近晶 B 相液晶可以是单轴晶体或双轴晶体,取决于层内分子的倾斜情况。近晶 C 相的液晶分子指向矢与层的法向有一个偏转角,该角度与温度有关,由于指向矢倾斜的原因使层的厚度要小于分子的体长,有试验表明最大的倾角可达 $45°$。

下面介绍与液晶透镜性能密切相关的几个性质。

1) 介电常数及各向异性

液晶的介电常数是一个二阶张量,它的两个主要参数为平行于分子轴的介电系数 $\varepsilon_{//}$ 和垂直于分子轴的介电系数 $\varepsilon_{\perp}$,它们既是温度的函数又是频率的函数。$\Delta\varepsilon$ 是介电常数各向异性参数,它的值取决于永久偶极矩、极化度、有序参数、绝对温度等多个参数,其介电公式为

$$\varepsilon_{//} = 1 + 4\pi NhF\left\{\bar{\alpha} + \frac{2}{3}\Delta\alpha s + F\frac{\mu^2}{3kT}[1-(1-3\cos^2\beta)s]\right\} \quad (1-1)$$

$$\varepsilon_{\perp} = 1 + 4\pi NhF\left\{\bar{\alpha} - \frac{1}{3}\Delta\alpha s + F\frac{\mu^2}{3kT}\left[1+\frac{1}{2}(1-3\cos^2\beta)s\right]\right\} \quad (1-2)$$

$$\Delta\varepsilon = \varepsilon_{//} - \varepsilon_{\perp} = 4\pi NhF\left\{\Delta\alpha - F\frac{\mu^2}{2kT}(1-3\cos^2\beta)\right\}s \quad (1-3)$$

式中：μ 为永久偶极矩；s 为有序量；α 为分子极化度；k 为玻尔兹曼常数；T 为绝对温度；h、F 为惰性场因子；β 为永久偶极矩与分子长轴的夹角；N 为单位体积中的分子数；$\Delta\alpha$ 为极化各向异性；$\bar{\alpha}=(\alpha_{//}-2\alpha_{\perp})/3$。当液晶分子中不含永久偶极矩时，$\varepsilon_{//}$、$\varepsilon_{\perp}$ 和 $\Delta\varepsilon$ 都较小；当液晶分子中含有两个以上偶极矩时，若永久偶极矩的矢量方向相同时 $\Delta\varepsilon$ 变大，方向相反时 $\Delta\varepsilon$ 变小。液晶分子在电场中的取向由介电常数各向异性值决定，当 $\Delta\varepsilon>0$ 时，液晶分子沿电场方向取向；当 $\Delta\varepsilon<0$ 时，液晶分子沿垂直电场方向取向[38]。

2）双折射

光在液晶材料中通过时会形成双折射现象：当液晶材料为正光性时，寻常光的传播速度 v_o 大于非常光的传播速度 v_e，则折射率 $n_o<n_e$；当液晶材料为负光性时，则情况正好相反。对于正光性材料向列相液晶来说，其光轴若用指向矢 $\boldsymbol{n}$ 表示，有 $n_{//}=n_e$、$n_{\perp}=n_o$、$\Delta n=n_{//}-n_{\perp}$。非常光的折射率 $n_{\text{eff}}(\theta)$ 的大小随着光的行进方向而改变，也即行进方向与光轴的夹角；寻常光的折射率 n_o 在所有方向上是恒定的，即都为 $n_{\perp}$，故有 $n_o=n_{\perp}\leq n_{\text{eff}}(\theta)\leq n_{//}$。在不规定行进方向时，双折射率指的是 $n_{//}-n_{\perp}$ 而不是 n_e-n_o。

折射率与极化度的关系为

$$\frac{n_e^2-1}{\bar{n}^2+2}=\frac{4}{3}\pi\rho\alpha_e \quad (1-4)$$

$$\frac{n_o^2-1}{\bar{n}^2+2}=\frac{4}{3}\pi\rho\alpha_o \quad (1-5)$$

$$\bar{n}^2=\frac{1}{3}(n_e^2+2n_o^2) \quad (1-6)$$

式中：ρ 为向列相液晶的密度。

3）黏滞系数与弹性系数

液晶的黏滞系数决定液晶物质在外场作用下产生相同取向状态以及取消外场时恢复相取向状态的响应速度，它与指向矢的运动密切相关。实用的混合向列相液晶材料的室温黏度一般在 $0.01\sim0.1\text{Pa}\cdot\text{s}$ 范围内，液晶材料的黏滞系数随温度的降低而增加。液晶物质是分子集聚的离散体，应满足应变—应力成正比的胡克定律，其比例系数为弹性系数。当液晶分子取向发生形变时弹性能会增加,增加的弹性能可以认为是展曲、扭曲和弯曲形变能之和,描述这些弹性能分别要用到相应的弹性系数。弹性系数越大,阈值电压越大,液晶响应速度也越快,弹性系数与分子的形状、构造及温度有关。

目前有关液晶的研究理论可分为连续体理论和分子理论,连续体理论是描述物质的宏观性质,分子理论从分子角度出发描述物质的结构和性质。

1) 连续体理论

连续体理论以连续体的观点来研究液晶的特性。Frank 的指向矢弹性力学解释了传递转矩流体的液晶向错结构和外场引起指向矢形变等静态力学行为。Leslie 和 Ericksen 的各向异性流体力学描述了黏性流体的流动行为。de Gennes 引入张量有序度,由此发展了相变唯象理论和连续体动力学。液晶连续体理论主要讨论长棒形液晶分子的向列相液晶和胆甾相液晶,在液晶里一般只存在展曲、扭曲和弯曲 3 种取向形变。

2) 分子理论

液晶的分子理论主要有 Onsager 理论、Landau – DeGennes 理论和 Maier – Saupe 理论。Onsager 理论是基于分子假设基础上的一种平均场理论,设定分子是细长的,长度远大于直径,分子间不存在力的关联,每个分子独立地占据空间且体积非常小,并用低分子密度假设解释了相变现象。Landau 提出了两级相变理论,De Gennes 在其基础上提出了直接计算液晶自由能密度的处理方法,Landau – DeGennes 理论中引入了有序参数并对短程有序现象进行了分析。Maier – Saupe 理论用的是组态能量平均场,较适用于不易压缩流体,把单个分子所处的势场归结为其他分子在该处的势场平均值,并引入了有序参数给出分子取向分布。

1.2.2 液晶器件的国内外研究状况

日本是最早投巨资对液晶材料及应用开展研究的国家,也是液晶研究领域一直最活跃的国家,发表了大量的科研学术论文。在 1979 年首次提出了可变焦液晶透镜模型[39](图 1-7),其思想是将传统的光学平凸透镜或平凹透镜与平面玻璃平行相对放置,在中间的凸凹状空腔中注入液晶形成液态状的凸凹镜,通过对液晶外加电压以达到调焦目的,作者 Sato 分析了透镜的工作原理、液晶层的光轴与偏振方向内在关联,并给出了焦距与电压、温度的关系图以及光透过率与液晶层厚度的关系图,但最终的试验结果表明此种透镜的光学性能欠佳,无法达到成像要求,后来作者又提出了一种液晶层和玻璃透镜混合的可调焦镜[40],原理和上述透镜一样,但结构上液晶层和玻璃透镜是分割开的,其效果要优于上述的透镜。然后,研究组的科研人员又提出了典型的圆孔图案化电极的液晶透镜模型[41](图 1-8),该模型的最大特点是使用了圆孔图案化电极,下玻璃衬底上是氧化铟锡(Indium Tin Oxides)透明电极板,上玻璃衬底上的图案化电极是由铝材料构成的,该模型巧妙地应用了加电后圆孔区域形成折射率梯度变化的性质来实现凸透镜的光线会聚功能,由于图案化电极和下电极板之间隔着上玻璃衬底,所以需要更大的加载电压才能驱动液晶,而且液晶层的响应速度也很慢,一般在秒数量级。为了抑制向错线的出现,又设计了使用面内电场进行驱动的液晶透镜[42]。

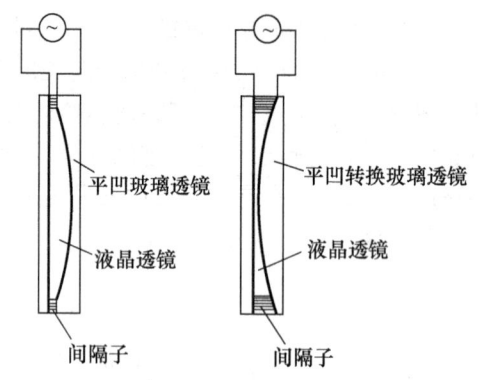

图1-7 可变焦液晶透镜模型

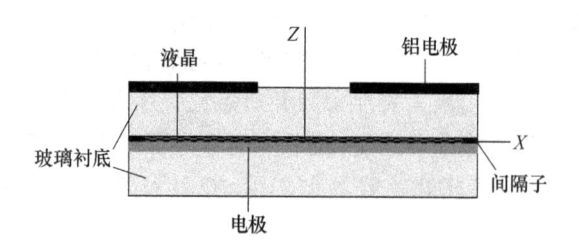

图1-8 典型单圆孔图案化电极的液晶模型

之后,该课题组又提出焦距变化范围更大的改进形式[43-45](图1-9),此结构与典型模型基本相似,只不过在上玻璃衬底的图案铝电极之上多了一层 ITO 平板电极,因此需要两个电压 U_o 和 U_c 来进行控制。U_o 加载到圆孔图案化电极上,主要负责圆孔外液晶分子的重定向;U_c 加载到上层 ITO 平板电极上,主要负责圆孔内液晶分子的重定向,调节 U_o 和 U_c 幅值时可以改变焦距大小。另外,文中分析了平板电极有效地抑制向错线的原因,但由于图案化电极和上层电极板与下玻璃衬底上的电极板之间存在上玻璃衬底的间隔,所以仍需较大的驱动电压。

该课题组的下一步工作就是在原有的单层液晶透镜的基础上进行级联,设计出双层液晶透镜[46](图1-10)。此类透镜可以看成是两个典型单圆孔液晶透镜的简单级联,两透镜共用一个位于正中的铝制图案化电极层。液晶是各向

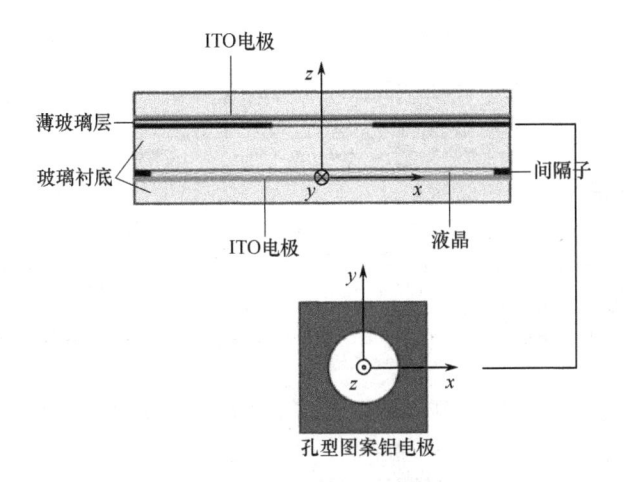

图 1-9 单圆孔图案化电极透镜的改进形式

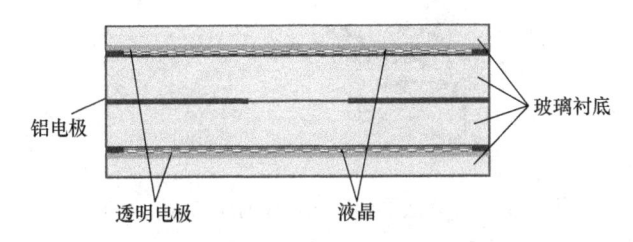

图 1-10 双液晶层的液晶微透镜

异性材料,只有非常光有折射率的梯度分布,几乎大多数的液晶透镜仅对线偏光有效,为了克服此限制而能对任意偏振光都起作用,又设计出与偏振无关的液晶透镜[47],其思想就是令两个透镜级联但各自定向层的摩擦方向相互垂直,这样原先被屏蔽掉的与某个透镜摩擦方向成 90°的线偏光就可以通过第二个透镜起作用,该类透镜结构简单,成像能力有所提高。另外一种级联方式就是多层液晶多层电极液晶透镜[48](图 1-11),该类透镜结构上有 5 层不同厚度的玻璃层、两层液晶和 3 个电极层,两液晶层被 70μm 的玻璃层隔开,平板控制电极层和图案化电极控制层均位于两层液晶的同一侧,电压同时作用于两层液晶。通常使用厚液晶层是为了保持一定的聚焦范围,但透镜的响应时间会变慢,该类透镜成功地解决了这个问题,响应时间达到几百毫秒,若液晶层厚 20μm 且用向列液晶材料 E44 则响应时间为 150ms。

在电极形态方面,研究人员设计出了正六边形图案化电极的液晶透镜阵列[49](图 1-12),研究发现使用正六边形孔径可以使阵列的通光孔径增大。设计了正四边形孔径的液晶透镜阵列[50](图 1-13),该结构中的单元电极分为对称的两部分,试验结果表明四边形孔径具有和圆孔相似的光学性能,但由于电极是分块控制,所以可以实现阵列摆焦功能。对各种不同结构参数的液晶微透镜

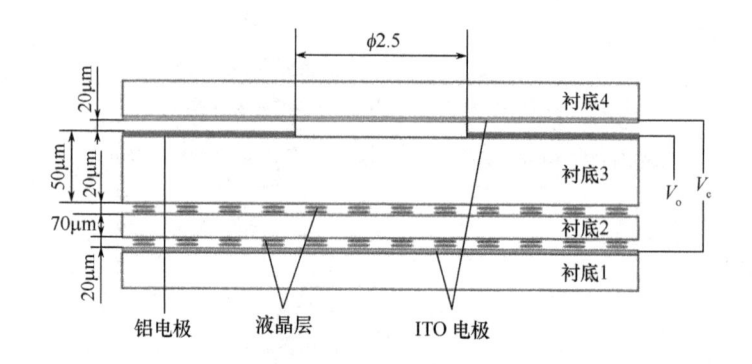

图1-11 多层液晶多层电极的液晶透镜

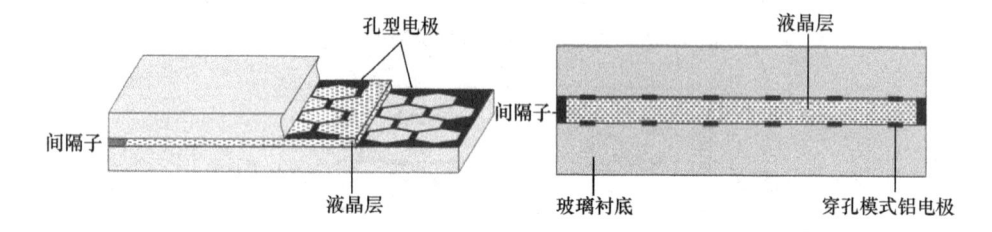

图1-12 正六边形图案化电极的液晶透镜阵列结构

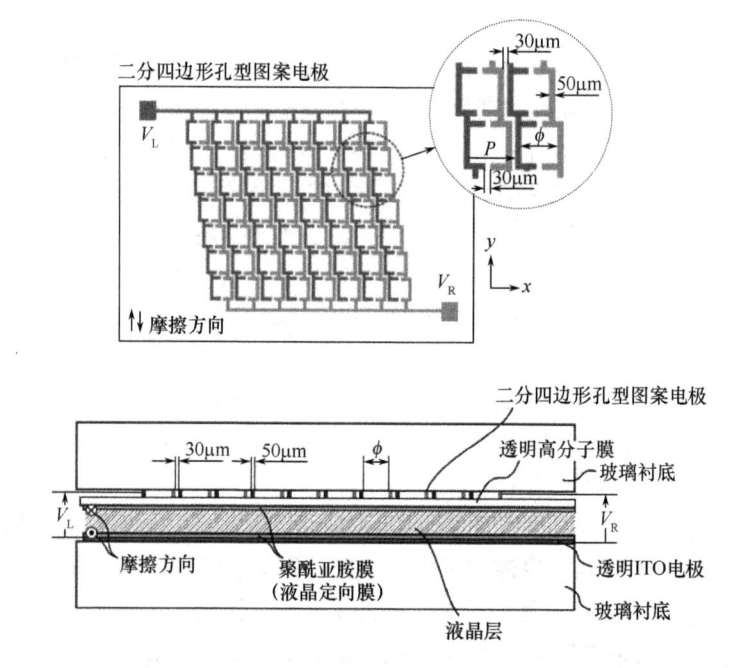

图1-13 正四边形孔径的液晶透镜阵列结构

的数值孔径进行了研究,测试了透镜材料的光学性能[51]。设计了分块图案化电极结构的液晶透镜,其特点是可以通过电压信号使焦点在焦平面上移动[52,53](图1-14)。另外,日本科研团队在新型液晶材料、液晶透镜驱动方式、液晶透镜的性能测试及计算仿真等方面也做了大量的研究工作[54-57]。

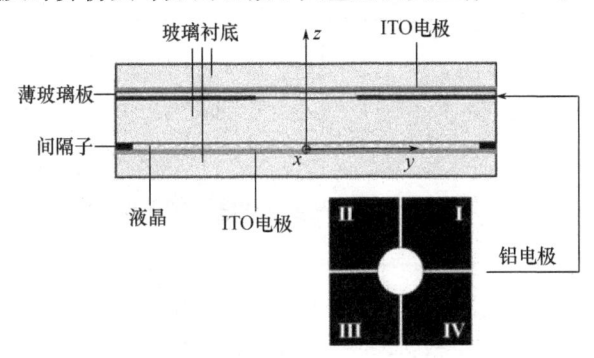

图1-14 焦点可摆动液晶透镜结构

美国对液晶研究也开展了大量的工作,科研人员发现聚合物液晶复合材料很适合用来做显示器件、可调波长滤波器及电控透镜。在显示应用中,液晶微滴尺寸在1μm左右,所以在可见光波段光的散射占主导地位。对于电光开关来讲,聚合物液晶微滴为纳米级,因而聚合物基质对入射光呈现光学各向异性。若选择透过率连续变化的光刻板,采用聚合诱导相位分离法就可以制作非均匀的聚合物液晶材料。用这种材料制作的电控可调透镜需要的驱动电压低,但动态调节范围小[58-60](图1-15)。

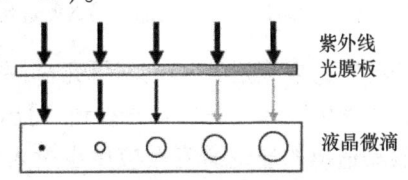

图1-15 聚合物液晶材料制作的液晶透镜

为了获得具有大的动态范围、低驱动电压和良好的力学性能的液晶透镜,科研人员采用凸形电极设计了一种简单的透镜结构[61,62](图1-16),其主要思路就是通过一个类似凸透镜状的半球形电极来产生内部非均匀的对称分布的电场,使之具有凸透镜的功能,但这种透镜容易对光产生散射,随后又提出了它的改进形式[63,64](图1-17),把浮雕型的向外突出电极做成向玻璃衬底内部凹进的电极,在球形电极内部填充聚合物或者与玻璃衬底有相同折射率的凸透镜,该凸透镜的曲率与球形电极相同,填充后的材料作为液晶透镜的下玻璃衬底。试验表明,该液晶透镜具有电控调焦功能,焦距可以从0.6m到无穷远处。研究人

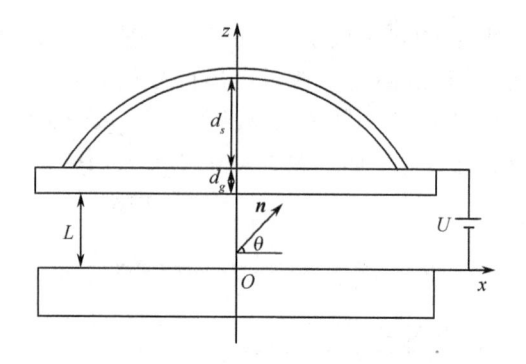

图 1-16 具有浮雕图案化电极的液晶透镜

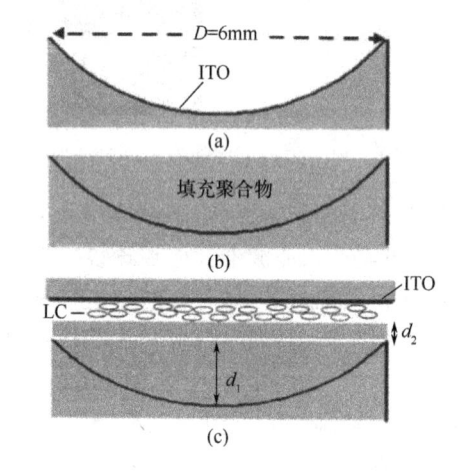

图 1-17 浮雕图案电压液晶透镜的改进形式

员对显示应用中的液晶材料折射率进行了认真研究,对寻常光和非寻常光的光学性质、波长、温度与折射率的关系进行了详细探讨,得出了规律性的结论[65]。

中国台湾地区对液晶透镜的理论研究及应用也投入了大量的科研力量,研究人员设计出了环形和圆饼形图案化电极的双频液晶透镜[66,67](图1-18),与传统的圆孔型液晶透镜相比,该透镜的上层电极采用了特别设计的环形和圆饼形图案,并通过三态切换驱动方式来控制电极,采用这种方式能有效抑制向错线的产生,并且可以在不同频率下驱动双频液晶材料 MLC-2048 以达到显著减小恢复时间的效果。

为了获得大的变焦比,研究人员设计了采用两个液晶透镜组成的可电控调焦的光学系统[68](图1-19),其最大变焦比可达 7.9:1,并且目标可从 10cm 到无穷远连续变大或变小,其后又把这种结构成功地应用到内窥镜系统中[69](图1-20)。科研人员用蓝相液晶设计出了具有多电极的与偏振无关的液晶透镜[70],在结构中以高介电常数层来克服水平方向的电场强度和降低驱动电压。

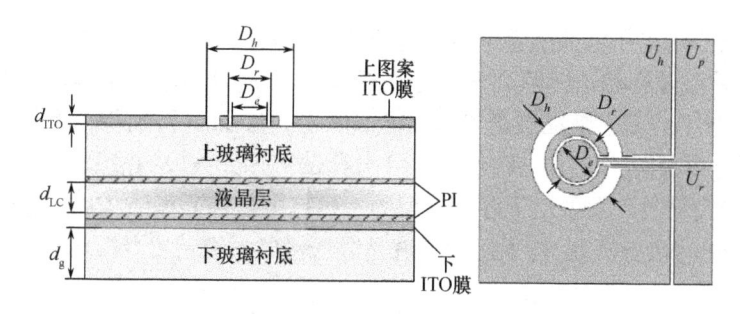

图 1-18 环形-圆饼形图案化电极液晶透镜

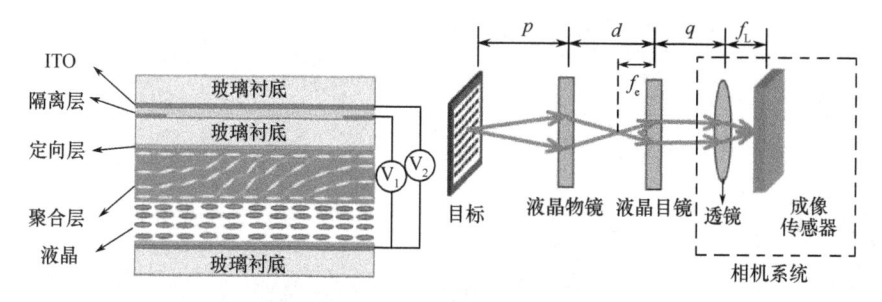

图 1-19 具有大变焦比的合成液晶透镜光学系统

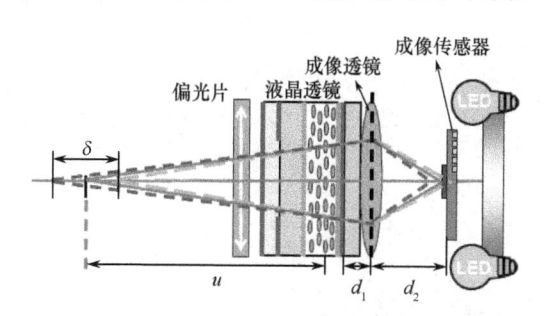

图 1-20 基于液晶透镜的内窥系统结构

另外,科研人员在液晶透镜的应用方面发表了多篇学术论文,如基于液晶透镜的全息投影系统、基于液晶光调制的聚光型太阳能发电系统、使用聚合物稳定蓝相液晶制作的电光开关[71]等。

国内研究主要是由华中科技大学张新宇教授所带领团队所完成的相关工作,概括起来为:提出了一种低电压驱动的单圆孔图案化电极的液晶透镜,解决了原有的液晶透镜驱动电压过大的技术问题;首次提出了一种可以工作于太赫兹波段的液晶透镜[72],配合使用 Bolometer 探测器芯片构造了成像探测系统,进行了系列的成像测试;提出了一种面阵式圆孔图案化电极的液晶微透镜[73],并对液晶微透镜的光学性能进行了测试和分析;提出了一种面阵式柱形图案化电极的液晶微透镜[74],并对液晶微透镜的光学性能进行了测试和分析;根据液晶的物理特性,给出了液晶透镜的等效电学结构,研究了采用频率驱动液晶透镜的方法[75],并以圆孔微透镜阵列和矩形微透镜阵列为例进行了光学性能测试;提出了一种新型的基于液晶微透镜阵列的 Shack – Hartman 波前探测系统,分析和测试了该系统的成像性能;提出了4×4分区的可见光波段的液晶法布里–珀罗波谱探测器件[76]。发展出了各种新型的多模态电控液晶微结构,开展了红外电控液晶器件的初步研究,自主研发了液晶微透镜的电控装置。

第2章　图案化电极液晶微透镜

　　液晶的发现由来已久,早在19世纪80年代,奥地利植物学家F. Reinitzer在研制胆甾醇苯甲酸酯的过程中发现这种化合物具有两个熔点,而且在两个熔点之间具有双折射现象,到1922年正式提出了这类物质及其相的分类和命名规则。科研人员发现液晶相多为有序排列的棒状分子,其中含有有机部分、连接部分和极性基。当液晶材料处于电场中时,其极性基会受到外电场的作用而发生转动,这一特性是液晶材料广泛应用的基础。在随后的40多年里,液晶的研究工作一直停滞不前,因为当时还没有液晶的应用领域。但同一时期,与液晶应用密切相关的半导体技术和微加工技术却快速发展。到20世纪60年代,随着半导体集成电路的发展,电子器件已经实现了微型化,液晶开始进入实际应用期,特别是在显示器应用领域。美国是最早开展液晶显示应用研究的国家,RCA公司于1968年研制成功动态散射模式的液晶显示装置,并开始尝试数字式液晶手表的实用化。与此同时,日本政府和企业也高度关注液晶的应用价值并投巨资开展相关的技术研究,精工集团、卡西欧公司和夏普公司竞相推出自己的产品。液晶显示技术经过几十年的发展已经达到空前的水平,显示性能已有显著提高,显示器件以轻、薄、节能为特征,其应用发展到了手表、手机、笔记本计算机、家用电视和户外大型显示屏等广大领域。

　　液晶透镜的研究起步相对较晚,最早有关液晶透镜的报告是由日本科学家Sato于1979年提出的一种单圆孔透镜。其后各国科研人员相继提出了各种类型的液晶透镜,其研究方向大致可分为使用新型的液晶材料[77-82]、设计新的电极图案[83-92]、提出新的结构形式[93,94]、采用新的制作工艺[95-97]和推广新的应用领域[98-104]。所有这些都以液晶材料的光电特性为基础,而液晶对光作用的本质是其分子指向矢在电场作用下发生了偏转致使折射率发生了改变,所以在设计符合要求的液晶微透镜之前有必要对透镜微结构进行仿真计算,研究液晶分子指向矢在空间的分布规律以及内部电场的分布规律。

2.1　设计电控液晶微透镜的理论依据

2.1.1　液晶分子的指向矢分布

　　通常根据分子的排列状态把液晶分为向列相液晶、层列相液晶和胆甾相液晶。液晶最重要的性质就是其分子排列的取向有序性,液晶各种物理性质如折射率、介电常数、电导率、磁化率等都与取向有序性有直接关联。液晶一般是由刚性的长形分子构成的,通常在建模时把它作为刚性椭球处理。如果组成物质的分子或原子在缓慢的变化过程中其变化尺寸远小于自身的空间尺寸时,则可以把这些微粒当作连续体来描述物质的宏观物理性质。当不存在外界电磁干扰的情况下,可以用统计学规律对液晶分子的相互作用进行研究。如果存在电磁场等外部环境,可以把液晶看作连续弹性介质,参照处理固体和流体的方法对液晶分子进行处理。

液晶分子在外力的作用下会发生形变,其形变大致可以分为3种类型,即弯曲形变、展曲形变和扭曲形变。图2-1给出了上述3种形变的典型情形。弯曲形变是原平行排列的液晶分子呈弧形展开;展曲形变是原平行排列的液晶分子呈扇形向两侧展开;扭曲形变是原平行排列的液晶分子在各层扭转而呈螺旋状分布。一般采用3个弹性常数来描述液晶分子的弹性形变物理量,即展曲弹性常数K_{11}、扭曲弹性常数K_{22}和弯曲弹性常数K_{33}。弹性常数的大小决定了液晶分子由形变态恢复到原始态的时间,也即液晶的响应时间。液晶的弹性常数一般都很小,在$10^{-12} \sim 10^{-11}$ N之间,使得它很容易受到外部电磁场的影响而发生形变。

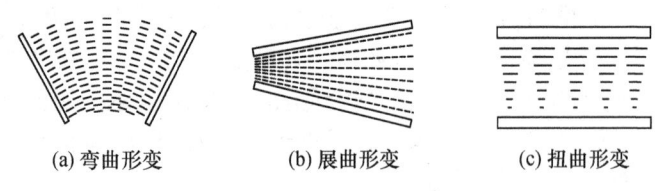

(a) 弯曲形变　　(b) 展曲形变　　(c) 扭曲形变

图2-1　基本形变模式

在把液晶当作连续体处理时,通常要用一个矢量场来对液晶分子的排列状态进行描述,定义指向矢为液晶中全体分子长轴的平均指向方向并以单位矢量 **n** 表示。因液晶分子整体上没有正负极性之分,所以指向矢的两个方向 **n** 和 -**n** 是等价的。因为液晶的指向矢和位置有关,一般把它表示为 **n**(x,y,z) 或 **n**(r)。在对液晶分子求解中,为计算方便,设定液晶指向矢的方向与坐标系的 z 轴相重合。由于指向矢的形变随位置的变化是缓慢连续的,则任意点处指向矢的形变可表示为 **n** + d**n**,d**n** 是指向矢的微变量。展曲形变的特点是 $\nabla \cdot \mathbf{n} \neq 0$,曲形变的特点是 $\mathbf{n} \cdot \nabla \times \mathbf{n} \neq 0$,弯曲形变的特点是 $\mathbf{n} \times \nabla \times \mathbf{n} \neq \mathbf{0}$。

液晶分子的排列有序程度可以用分子取向有序参数 s 来描述,即

$$s = \frac{1}{2}\langle 3\cos^2\theta - 1 \rangle \tag{2-1}$$

式中:θ 为任意液晶分子长轴方向与 **n** 间的夹角。

$s=0$ 表示液晶分子的指向矢排列完全紊乱，$s=1$ 表示液晶分子的指向矢完全平行排列，s 的大小直接影响到液晶的物理特性，试验中所用的向列液晶在相变点附近 $s\approx0.3$。指向矢与液晶分子取向的关系如图 2-2 所示。

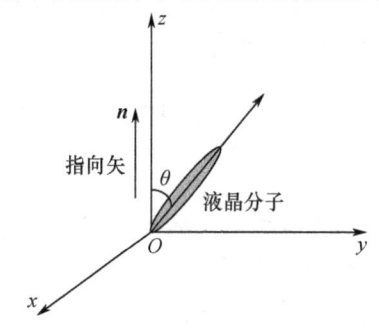

图 2-2 指向矢与液晶分子取向的关系

2.1.2 电驱控状态下的液晶自由能

液晶的连续弹性体理论是研究液晶未受外场作用前的状态与受外场作用发生微小形变后达到新平衡状态下两种状态间的关系。因为物体处于平衡状态下的能量在力学上来讲应该是最低的，所以可以从能量角度出发，用自由能密度即单位体积的自由能来研究液晶形变前后的能量转变关系。

在试验中是讨论向列相液晶在电场驱动下的变化情况，在这种状态下，体系的总自由能密度应该是由形变产生的弹性自由能密度与电场下的自由能密度之和，有以下表达式，即

$$f_{总} = f_{弹} + f_{电} \tag{2-2}$$

当液晶发生微小形变时，其弹性自由能密度可表示为

$$f_{弹} = K_2 \boldsymbol{n} \cdot \nabla \times \boldsymbol{n} + \frac{1}{2}[K_{11}(\nabla \cdot \boldsymbol{n})^2 + K_{22}(\boldsymbol{n} \cdot \nabla \times \boldsymbol{n})^2 + K_{33}|\boldsymbol{n} \times \nabla \times \boldsymbol{n}|^2]$$
$$+ K_{12}(\nabla \cdot \boldsymbol{n})(\boldsymbol{n} \cdot \nabla \times \boldsymbol{n}) \tag{2-3}$$

式中：∇ 为拉普拉斯算符；$K_{ii}(i=1,2,3)$ 为弹性常数，在向列相液晶中，$K_2=0$，$K_{12}=0$，故式(2-3)可简化为

$$f_{弹} = \frac{1}{2}[K_{11}(\nabla \cdot \boldsymbol{n})^2 + K_{22}(\boldsymbol{n} \cdot \nabla \times \boldsymbol{n})^2 + K_{33}|\boldsymbol{n} \times \nabla \times \boldsymbol{n}|^2] \tag{2-4}$$

当液晶处于电场中时，由于液晶分子是各向异性的介电体，外加电场会驱动液晶分子沿电场方向或垂直电场方向发生偏移，使达到新平衡态下的自由能最小，其电场下的自由能可表示为

$$f_{电} = -\frac{1}{2}\boldsymbol{E} \cdot \boldsymbol{D} = -\frac{1}{2}\Delta\varepsilon(\boldsymbol{n} \cdot \boldsymbol{E})^2 \tag{2-5}$$

式中:$\Delta\varepsilon$ 为介电常数各向异性,定义为

$$\Delta\varepsilon = \varepsilon_{//} - \varepsilon_\perp \tag{2-6}$$

式中:$\varepsilon_{//}$、$\varepsilon_\perp$ 分别为平行和垂直于液晶指向矢的介电常数。综合式(2-4)和式(2-5),液晶的自由能密度表示式为

$$f_{总} = \frac{1}{2}[K_{11}(\nabla \cdot \boldsymbol{n})^2 + K_{22}(\boldsymbol{n} \cdot \nabla \times \boldsymbol{n})^2 + K_{33}|\boldsymbol{n} \times \nabla \times \boldsymbol{n}|^2] - \frac{1}{2}\Delta\varepsilon(\boldsymbol{n} \cdot \boldsymbol{E})^2 \tag{2-7}$$

试验中所用的正性向列相液晶是封装在两块平行玻璃衬底之间的,衬底表面涂有定向层并经过特殊摩擦处理,摩擦方向反向且都平行于玻璃表面,使定向层附近的液晶分子指向矢有平行于玻璃表面的排列取向。当电压大于阈值电压 U_t 时,液晶的指向矢开始发生形变,这种现象也称为弗里德里克兹转变,其示意图如图 2-3 所示。

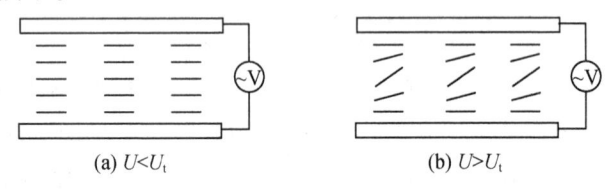

(a) $U<U_t$ (b) $U>U_t$

图 2-3 弗里德里克兹转变

设定液晶层厚度为 d,液晶分子的指向矢在 xz 平面内,初始指向矢平行于 x 轴,$z=0$ 平面在 xy 平面,外加电场方向垂直于玻璃衬底表面且平行于 z 轴,液晶分子在外电场作用下发生形变,其指向矢与 x 轴正向的夹角为 θ,指向矢 $\boldsymbol{n}$ 可表示为[36]

$$\boldsymbol{n} = n_x\boldsymbol{i} + n_y\boldsymbol{j} + n_z\boldsymbol{k} = \cos\theta(z)\boldsymbol{i} + \sin\theta(z)\boldsymbol{k} \tag{2-8}$$

式中:$\boldsymbol{i}$、$\boldsymbol{j}$ 和 $\boldsymbol{k}$ 分别为 x 方向、y 方向和 z 方向的单位矢量,又

$$\nabla \cdot \boldsymbol{n} = \frac{\partial n_z}{\partial z} = \cos\theta\left(\frac{d\theta}{dz}\right) \tag{2-9}$$

$$\boldsymbol{n} \cdot (\nabla \times \boldsymbol{n}) = 0 \tag{2-10}$$

$$|\boldsymbol{n} \times (\nabla \times \boldsymbol{n})| = \left|\frac{\partial n_x}{\partial z}\right| = \left|\sin\theta\left(\frac{d\theta}{dz}\right)\right| \tag{2-11}$$

故液晶的弹性自由能密度可表示为[36]

$$f_{弹} = \frac{1}{2}[K_{11}(\nabla \cdot \boldsymbol{n})^2 + K_{22}(\boldsymbol{n} \cdot \nabla \times \boldsymbol{n})^2 + K_{33}|\boldsymbol{n} \times \nabla \times \boldsymbol{n}|^2]$$

$$= \frac{1}{2}(K_{11}\cos^2\theta + K_{33}\sin^2\theta)\left(\frac{d\theta}{dz}\right)^2 \tag{2-12}$$

液晶的电场能密度为

$$f_{电} = -\frac{1}{2}\varepsilon_0\Delta\varepsilon(\boldsymbol{n}\cdot\boldsymbol{E})^2 = -\frac{1}{2}\varepsilon_0\Delta\varepsilon|E|^2\sin^2\theta \qquad (2-13)$$

总自由能密度为

$$f_{总} = f_{弹} + f_{总} = \frac{1}{2}(K_{11}\cos^2\theta + K_{33}\sin^2\theta)\left(\frac{\mathrm{d}\theta}{\mathrm{d}z}\right)^2 - \frac{1}{2}\varepsilon_0\Delta\varepsilon|E|^2\sin^2\theta$$

$$(2-14)$$

总自由能为

$$F = \int_0^d f_{总}\left(\theta, \frac{\mathrm{d}\theta}{\mathrm{d}z}, z\right)\mathrm{d}z \qquad (2-15)$$

根据变分法,则自由能达到最小的条件为

$$\frac{\partial f_{总}}{\partial\theta} - \frac{\mathrm{d}}{\mathrm{d}z}\left[\frac{\partial f_{总}}{\partial\left(\frac{\mathrm{d}\theta}{\mathrm{d}z}\right)}\right] = (K_{11}\cos^2\theta + K_{33}\sin^2\theta)\frac{\mathrm{d}^2\theta}{\mathrm{d}z^2}$$

$$+ \left[(K_{33} - K_{11})\left(\frac{\mathrm{d}\theta}{\mathrm{d}z}\right)^2 + \varepsilon_0\Delta\varepsilon|E|^2\right]\sin\theta\cos\theta = 0$$

$$(2-16)$$

2.2 液晶分子空间分布状态数值计算

2.2.1 液晶基数值计算基本方法

指向矢分布的数值计算是仿真过程中的重要步骤,计算量大耗时也很长,选择合适的方法显得非常重要。在2.1节中,由连续弹性体理论可以很好地描述液晶指向矢在给定电场和边界条件下的分布特性,并根据变分法把求极值问题转换为求解微分方程,但此方程通常不存在解析解,只能通过数值方法求解。常用的数值解法有牛顿法[105]、弛豫法[106, 107]、差分法[108]和有限元法[109, 110]。牛顿法通过指向矢的倾角和旋转角建立方程并采用降阶方式求解,这种方法适用于简单对称分布的扭曲向列相液晶,但对于各种复杂新型的液晶微结构却无法给出稳定解。弛豫法的基本思路是先将液晶层沿厚度方向分为多等分,然后计算各层中平均指向矢的倾角和旋转角就可以求得液晶指向矢的分布,为了保证收敛到稳定值需要动态调节时间参数、旋转黏滞系数和空间步距的关系。差分迭代法计算简单,可靠收敛,可以方便地求解指向矢分布。有限元法是以变分原理为基础,把连续的求解域分割成离散的多组单元,然后进行求解,是一种较为通用的数值计算方法,关于有限元法将在第3章进行讨论。本章给出了适用于对微透镜图案化电极结构进行三维仿真的数值计算方法[111, 112]。

由液晶指向矢特征,可得以下方程式,即

$$\gamma \frac{dn_i}{dt} = -\left(\frac{\partial f}{\partial n_i} - \frac{d}{dx} \frac{\partial f}{\partial \left(\frac{dn_i}{dx}\right)} - \frac{d}{dy} \frac{\partial f}{\partial \left(\frac{dn_i}{dy}\right)} - \frac{d}{dz} \frac{\partial f}{\partial \left(\frac{dn_i}{dz}\right)} \right) + \lambda n_i \quad i = x、y、z$$

(2 - 17)

$$\frac{\partial f}{\partial v} - \frac{d}{dx} \frac{\partial f}{\partial \left(\frac{dv}{dx}\right)} - \frac{d}{dy} \frac{\partial f}{\partial \left(\frac{dv}{dy}\right)} - \frac{d}{dz} \frac{\partial f}{\partial \left(\frac{dv}{dz}\right)} = 0 \qquad (2-18)$$

式(2-17)和式(2-18)中 n_i 是 $\boldsymbol{n}$ 在 x 轴、y 轴和 z 轴上的分量,若将指向矢长度进行归一化处理,则式(2-17)可简化为

$$\frac{dn_i}{dt} + \frac{1}{\gamma}[f]_{n_i} = 0 \quad i = x、y、z \qquad (2-19)$$

其中

$$[f]_{n_i} = \frac{\partial f}{\partial n_i} - \frac{d}{dx} \frac{\partial f}{\partial \left(\frac{dn_i}{dx}\right)} - \frac{d}{dy} \frac{\partial f}{\partial \left(\frac{dn_i}{dy}\right)} - \frac{d}{dz} \frac{\partial f}{\partial \left(\frac{dn_i}{dz}\right)} \qquad (2-20)$$

根据时域差分定义可得

$$\frac{dn_i}{dt} = \frac{n_i^{t+\Delta t} - n_i^t}{\Delta t} \qquad (2-21)$$

$$n_i^{t+\Delta t} = n_i^t - \frac{\Delta t}{\gamma}[f]_{n_i} \quad i = x、y、z \qquad (2-22)$$

因为在液晶材料中,介电常数是一个二阶张量,根据电场关系有

$$\boldsymbol{D} = \boldsymbol{\varepsilon} \cdot \boldsymbol{E} \qquad (2-23)$$

$$\boldsymbol{\varepsilon} = \begin{bmatrix} \varepsilon_\perp + \Delta\varepsilon n_x^2 & \Delta\varepsilon n_x n_y & \Delta\varepsilon n_x n_z \\ \Delta\varepsilon n_x n_y & \varepsilon_\perp + \Delta\varepsilon n_y^2 & \Delta\varepsilon n_y n_z \\ \Delta\varepsilon n_x n_z & \Delta\varepsilon n_y n_z & \varepsilon_\perp + \Delta\varepsilon n_z^2 \end{bmatrix} \qquad (2-24)$$

$$\boldsymbol{E} = -\nabla U \qquad (2-25)$$

式中:$\varepsilon_\perp$ 为垂直于液晶指向矢的介电常数;$\Delta\varepsilon$ 为介电常数各向异性。

根据高斯公式对电压进行求解,有

$$\nabla \cdot \boldsymbol{D} = 0 \qquad (2-26)$$

由式(2-20)~式(2-24)可得

$$\varepsilon_\perp \frac{\partial^2 U}{\partial x^2} + \varepsilon_\perp \frac{\partial^2 U}{\partial y^2} + \varepsilon_\perp \frac{\partial^2 U}{\partial z^2} + \Delta\varepsilon \left(2n_x \frac{\partial U}{\partial x} \frac{\partial n_x}{\partial x} + n_x^2 \frac{\partial^2 U}{\partial x^2} + n_y \frac{\partial U}{\partial y} \frac{\partial n_x}{\partial x} + n_x \frac{\partial U}{\partial y} \frac{\partial n_y}{\partial x} \right.$$

$$+ n_x n_y \frac{\partial^2 U}{\partial x \partial y} + n_z \frac{\partial U}{\partial z} \frac{\partial n_x}{\partial x} + n_x \frac{\partial U}{\partial z} \frac{\partial n_z}{\partial x} + n_x n_z \frac{\partial^2 U}{\partial x \partial z} + n_y \frac{\partial U}{\partial x} \frac{\partial n_x}{\partial y}$$

$$+ n_x \frac{\partial U}{\partial z} \frac{\partial n_z}{\partial x} + n_x n_z \frac{\partial^2 U}{\partial x \partial z} + n_z \frac{\partial U}{\partial z} \frac{\partial n_x}{\partial x} + n_x \frac{\partial U}{\partial x} \frac{\partial n_y}{\partial y} + n_x n_y \frac{\partial^2 U}{\partial x \partial y}$$

$$+ 2 n_y \frac{\partial U}{\partial y} \frac{\partial n_y}{\partial y} + n_y^2 \frac{\partial^2 U}{\partial y^2} + n_z \frac{\partial U}{\partial z} \frac{\partial n_y}{\partial y} + n_z \frac{\partial U}{\partial z} \frac{\partial n_z}{\partial y} + n_z n_y \frac{\partial^2 U}{\partial z \partial y}$$

$$+ n_z \frac{\partial U}{\partial x} \frac{\partial n_x}{\partial z} + n_x \frac{\partial U}{\partial x} \frac{\partial n_z}{\partial z} + n_x n_z \frac{\partial^2 U}{\partial x \partial z} + n_z \frac{\partial U}{\partial y} \frac{\partial n_y}{\partial z}$$

$$+ n_y \frac{\partial U}{\partial y} \frac{\partial n_z}{\partial z} + n_z n_y \frac{\partial^2 U}{\partial z \partial y} + 2 n_z \frac{\partial U}{\partial z} \frac{\partial n_z}{\partial z} + n_z^2 \frac{\partial^2 U}{\partial z^2} = 0 \qquad (2-27)$$

根据以上各式可得到求指向矢分布的步骤:首先进行指向矢分布初始化;由式(2-26)计算的电场在给定初始值的分布;根据电场分布结果并经过式(2-19)、式(2-20)计算指向矢的分布,并重新计算新的电场分布;上述计算过程循环迭代直至收敛到新平衡态。

2.2.2 液晶指向矢微分方程的求解方法

为了便于计算机进行计算仿真,需要对微分方程进行离散化,最常用的方法是有限差分法,其计算方法为

$$\frac{\partial f}{\partial x} \approx \frac{1}{2} \frac{f(i+1,j,k) - f(i-1,j,k)}{\Delta x} \qquad (2-28)$$

$$\frac{\partial f}{\partial y} \approx \frac{1}{2} \frac{f(i,j+1,k) - f(i,j-1,k)}{\Delta y} \qquad (2-29)$$

$$\frac{\partial f}{\partial z} \approx \frac{1}{2} \frac{f(i,j,k+1) - f(i,j,k-1)}{\Delta z} \qquad (2-30)$$

$$\frac{\partial^2 f}{\partial x^2} \approx \frac{f(i+1,j,k) + f(i-1,j,k) - 2f(i,j,k)}{(\Delta x)^2} \qquad (2-31)$$

$$\frac{\partial^2 f}{\partial y^2} \approx \frac{f(i1,j+1,k) + f(i,j+1,k) - 2f(i,j,k)}{(\Delta y)^2} \qquad (2-32)$$

$$\frac{\partial^2 f}{\partial z^2} \approx \frac{f(i1,j,k+1) + f(i,j,k-1) - 2f(i,j,k)}{(\Delta z)^2} \qquad (2-33)$$

$$\frac{\partial^2 f}{\partial x \partial y} \approx \frac{1}{4} \frac{f(i+1,j+1,k) + f(i-1,j-1,k) - f(i-1,j+1,k) - f(i+1,j-1,k)}{\Delta x \Delta y}$$

$$(2-34)$$

$$\frac{\partial^2 f}{\partial y \partial z} \approx \frac{1}{4} \frac{f(i,j+1,k+1)+f(i,j-1,k-1)-f(i,j+1,k-1)-f(i,j-1,k+1)}{\Delta y \Delta z}$$

(2-35)

$$\frac{\partial^2 f}{\partial z \partial x} \approx \frac{1}{4} \frac{f(i+1,j,k+1)+f(i-1,j,k-1)-f(i-1,j,k+1)-f(i+1,j,k-1)}{\Delta z \Delta x}$$

(2-36)

式(2-28)~式(2-36)中：Δx、Δy 和 Δz 分别为 x 轴、y 轴和 z 轴方向上相邻格点的距离；f 为电压值和指向矢在 3 个坐标轴上的分量。将式(2-28)~式(2-36)代入式(2-19)~式(2-27)得到 4 个电压方程和 n_x、n_y 和 n_z，求出相应的数值解，即得到指向矢的空间分布。

在求解指向矢分布前需要首先对液晶层进行格点划分，在方程的求解过程中，每个格点值都与四周相邻格点值相关，处于边界的格点由于缺少相邻格点，所以必须考虑边界条件。对位于边界两边的格点，可以用周期性条件来简化计算。考虑到试验中对定向层的处理，可以设定在上下边界处的液晶分子为强锚定状态，指向矢方向为 2°。对于电压在上下边界的情况，由于试验中设计的电极结构都可以分为上下两层电极，上电极为图案化电极层，下电极为平板电极层。可以设定格点在下边界的值为 0，电压幅值加载到上边界的格点上，而对于上图案化电极层中无电极区域部分有

$$D_z^{\text{LC}} = -\varepsilon_0 \left(\varepsilon_{xz} \frac{\partial U}{\partial x} + \varepsilon_{zz} \frac{\partial U}{\partial z} \right) \qquad (2-37)$$

$$D_z^{\text{glass}} = -\varepsilon_0 \left(\varepsilon_{\text{glass}} \frac{\partial U}{\partial z} \right) \qquad (2-38)$$

$$D_z^{\text{glass}} = D_z^{\text{LC}} \qquad (2-39)$$

式(2-37)~式(2-39)中：ε_{zx}、ε_{zz} 为介电张量；D_z^{LC}、D_z^{glass} 为电位移矢量沿 z 轴方向在液晶层和玻璃层的边界值，两者必须连续相等以满足边界条件。

整个仿真过程如程序流程图 2-4 所示。参数初始化过程包括微透镜结构尺寸、图案化电极形状及尺寸、格点划分、指向矢初始方向、向列相液晶的材料参数等，程序是否收敛及收敛速度与初始值的大小有关。划分的格点数与微透镜的结构厚度有关，格点数越多、精度越高计算量也越大，格点数太少会影响收敛。考虑到定向层的强锚定作用，指向矢的初始方向一般与摩擦方向保持一致，预倾角设为 2°，初始电压幅值设为零。图案形状及尺寸参数是通过图片方式传递给程序的，先用绘图工具绘制电极图案并给出相应尺寸大小，并保存为某种图片格式，然后由程序调用读图函数提出其中的相关信息作为初始化值，程序中是以图片的分辨率作为格点的划分数，所以在绘制电极图案时要预先设定图片的分辨

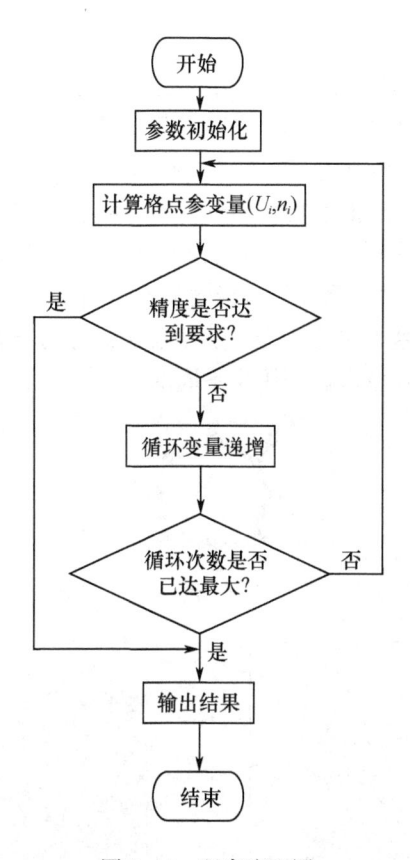

图 2-4 程序流程图

率。时间间隔 t 的设定关系到程序的计算时间,值越小耗时越长,值太大又会影响收敛,与时间 t 密切相关的另一个参数是循环次数,它们的乘积值与液晶的响应时间基本相当。参数初始化后,由有限差分方程计算各格点的 U_i 和 n_i 值,本次的计算结果作为下次计算的初始值进行循环迭代,结束条件为相邻两次迭代的差值小于预设值。

2.3 基于图案化电极液晶微透镜电光特征

2.3.1 图案化电极仿真

本节中对图案化电极进行了 3 个方面的仿真:①不同图案化电极情况下,液晶指向矢分布、电势分布和相位延迟角分布;②同一图案化电极在不同电压条件下的指向矢分布;③同一图案化电极在相同电压不同液晶层厚度条件下的指向矢分布。

1. 不同图案化电极

仿真中液晶层被划分成 $101 \times 101 \times 26$ 个格点,长、宽、厚分别为 $400\mu m$、$400\mu m$ 和 $25\mu m$,加载的电压幅值为 $5V_{rms}$,图案中黑色代表透明电极,白色代表空区域。图 2-5 至图 2-7 是不同电极图案在 $5V_{rms}$ 电压幅值条件下的液晶层中指向矢分布、电势分布和相位角分布的仿真结果。从图中可知,不同图案化电极的液晶层中的电势分布不同,电势和相位延迟角的分布大致和电极图案相吻合,在有电极区域下方的液晶分子其指向矢基本偏向电场方向,而在没有电极的空区域内液晶指向矢基本保持不变。从相位延迟角分布图可以看出,异形图案化电极的不同区域的相位调制作用是不同的。

(a) 电极图案

(b) 指向矢分布侧视图

(c) 指向矢分布俯视图

(d) 电势分布立体图

(e) 相位角分布立体图

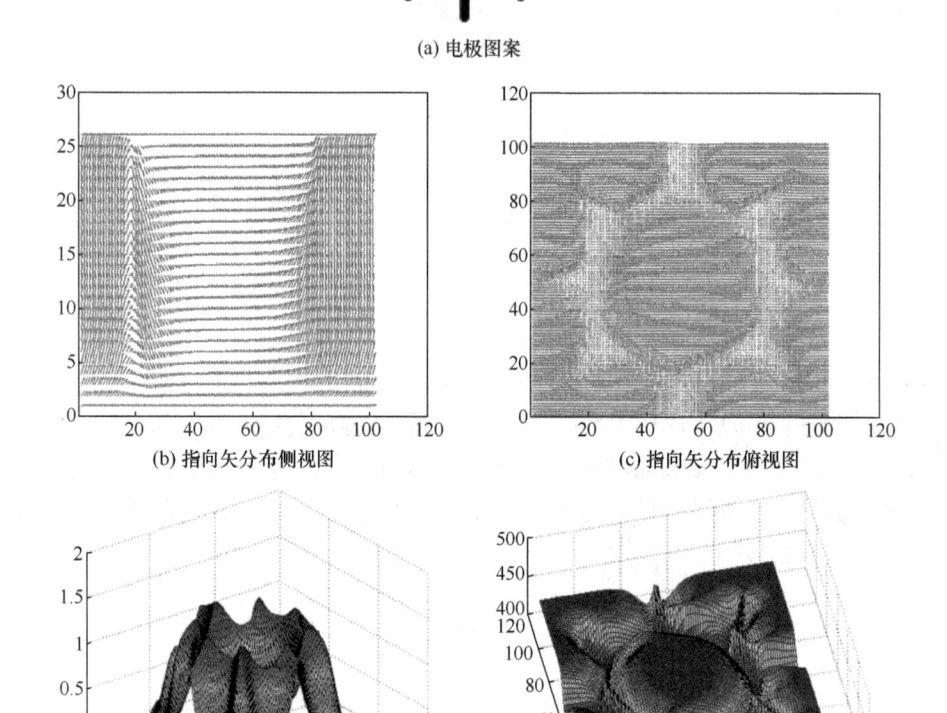

图 2-5　太阳电极图案仿真结果

(a) 电极图案

(b) 指向矢分布侧视图

(c) 指向矢分布俯视图

(d) 电势分布立体图

(e) 相位角分布立体图

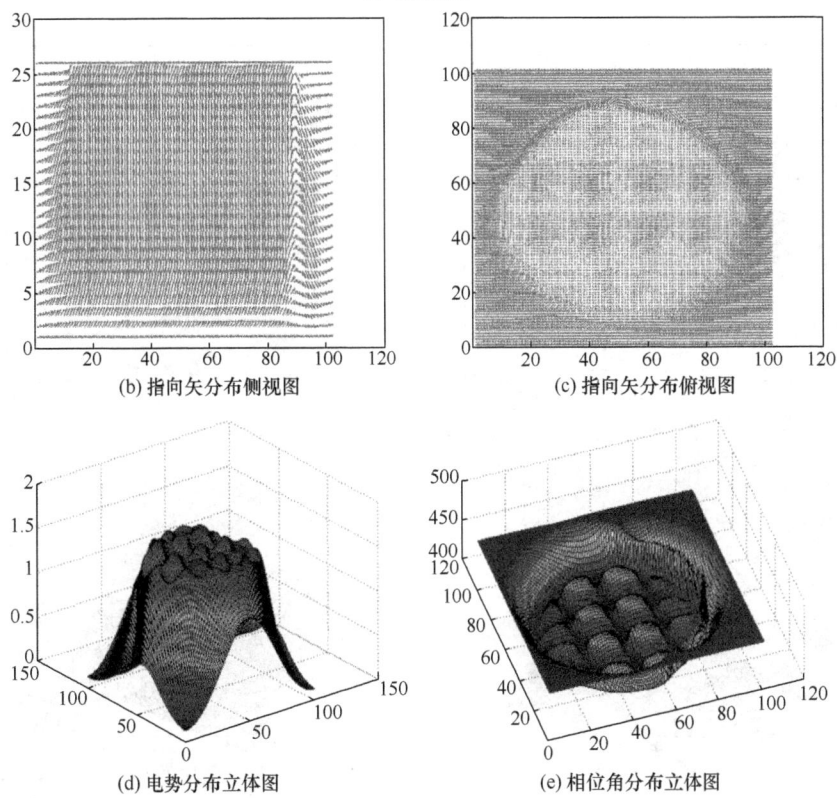

图 2-6 地球图标电极图案仿真结果

2. 同一图案化电极,不同电压幅值

仿真中液晶层被划分成 51×51×15 个格点,长、宽、厚分别为 200μm、200μm 和 14μm,加载的电压幅值分别为 $1V_{rms}$、$3V_{rms}$ 和 $5V_{rms}$,电极图案中黑色代表透明电极,白色代表空区域。电极图案分别为正三角形和正四角形。

图 2-8 和图 2-9 是同一图案化电极在不同加载电压下的仿真结果。从图中变化过程可知,当加载的电压幅值等于 $1V_{rms}$ 时,由于小于阈值电压(约为 $1.5V_{rms}$),所以液晶分子没有发生偏转,当电压升到大于阈值电压时液晶分子发生了弗里德里克兹转变。随着电压的增大,液晶分子的偏转角度也在加大,当电压升到 $5V_{rms}$ 时电极下的液晶分子几乎垂直排列也即指向矢方向平行于电场方向,但在空区域内液晶分子基本保持不动,而在电极的边缘处,指向矢呈现由水

(a) 电极图案

(b) 指向矢分布侧视图

(c) 指向矢分布俯视图

(d) 电势分布立体图

(e) 相位延迟角分布立体图

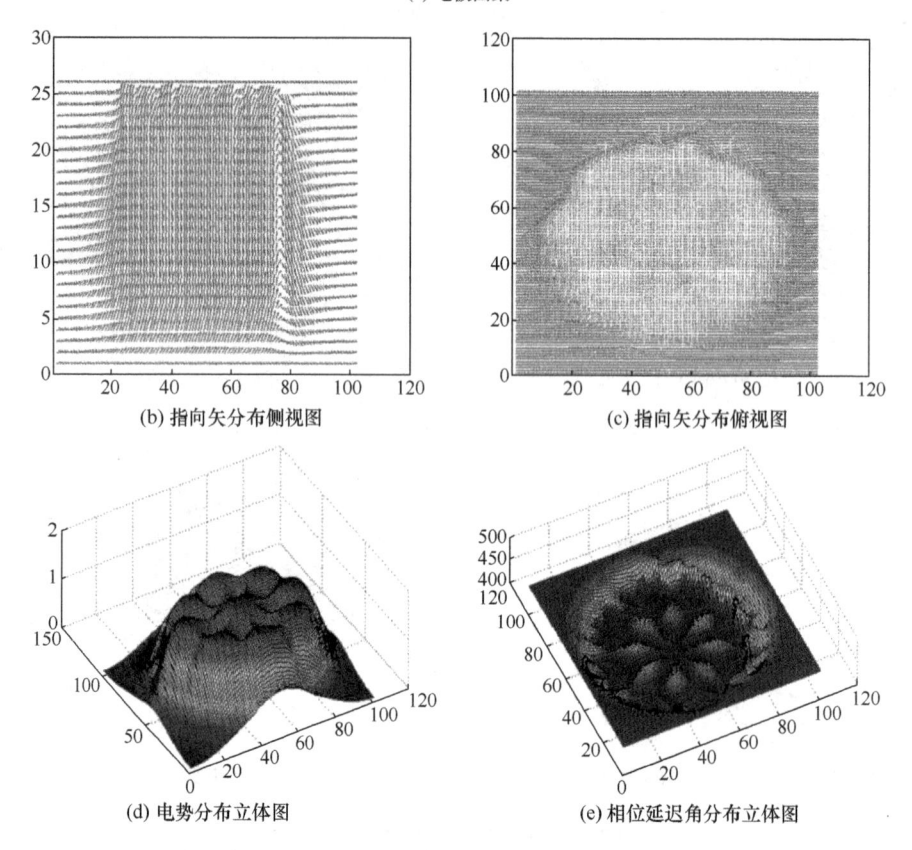

图 2-7 雪花电极图案仿真结果

平到垂直的过渡状态。

3. 相同图案化电极和电压幅值,不同液晶层厚度

仿真中液晶层被划分成 $51 \times 51 \times n$ 个格点,长、宽分别为 $200\mu m$ 和 $200\mu m$,厚度 d 分别 $25\mu m$、$30\mu m$ 和 $40\mu m$,加载的电压幅值为 $5V_{rms}$,电极图案中黑色代表透明电极,白色代表空区域。电极图案分别为正三角形和正四角形。

图 2-10 和图 2-11 是同一图案化电极相同电压幅值在不同液晶层厚度下的仿真结果,从图中变化过程可知,液晶层的厚度变化并没有改变指向矢的整体分布情况,但存在一些细微的差别。另外,液晶层厚度会影响仿真的迭代次数以及液晶的响应时间。

28

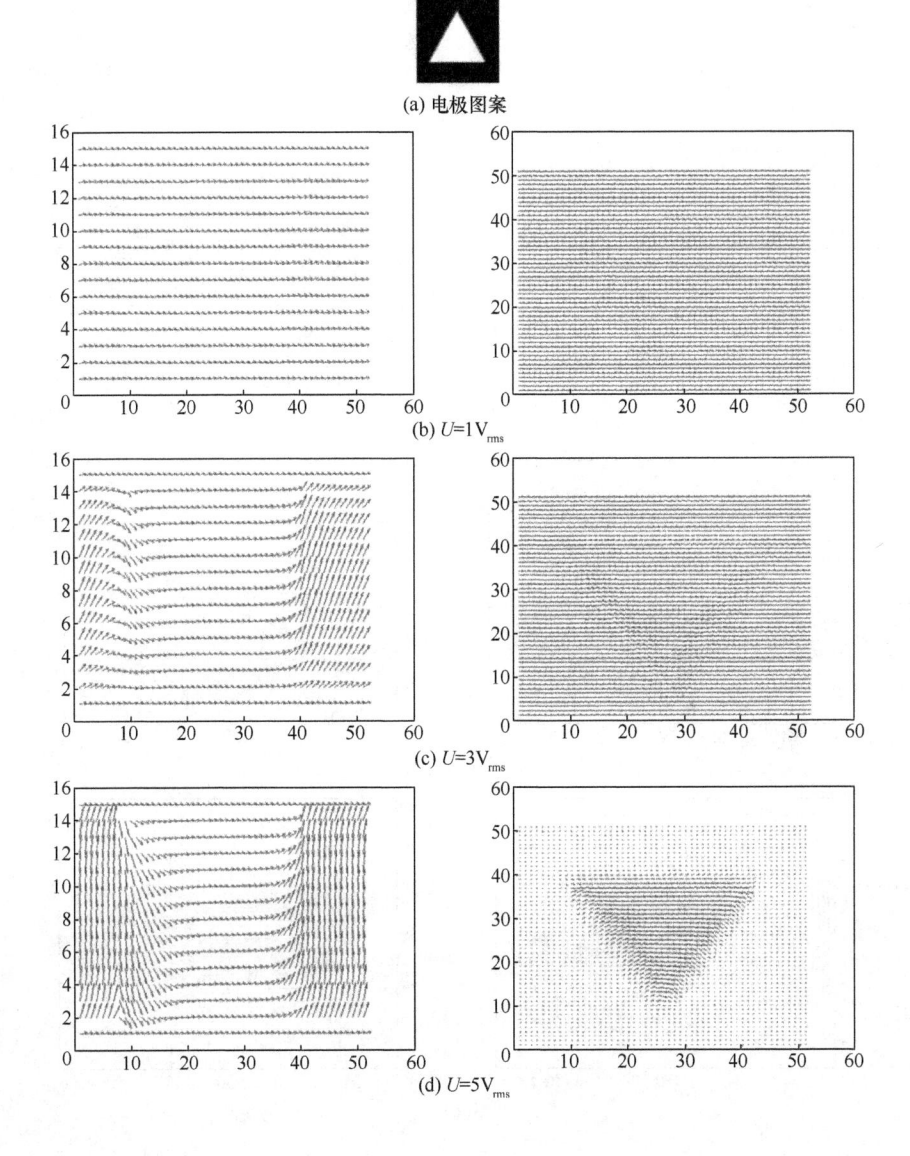

图 2-8 三角形图案化电极不同加载电压的仿真结果

(a) 电极图案

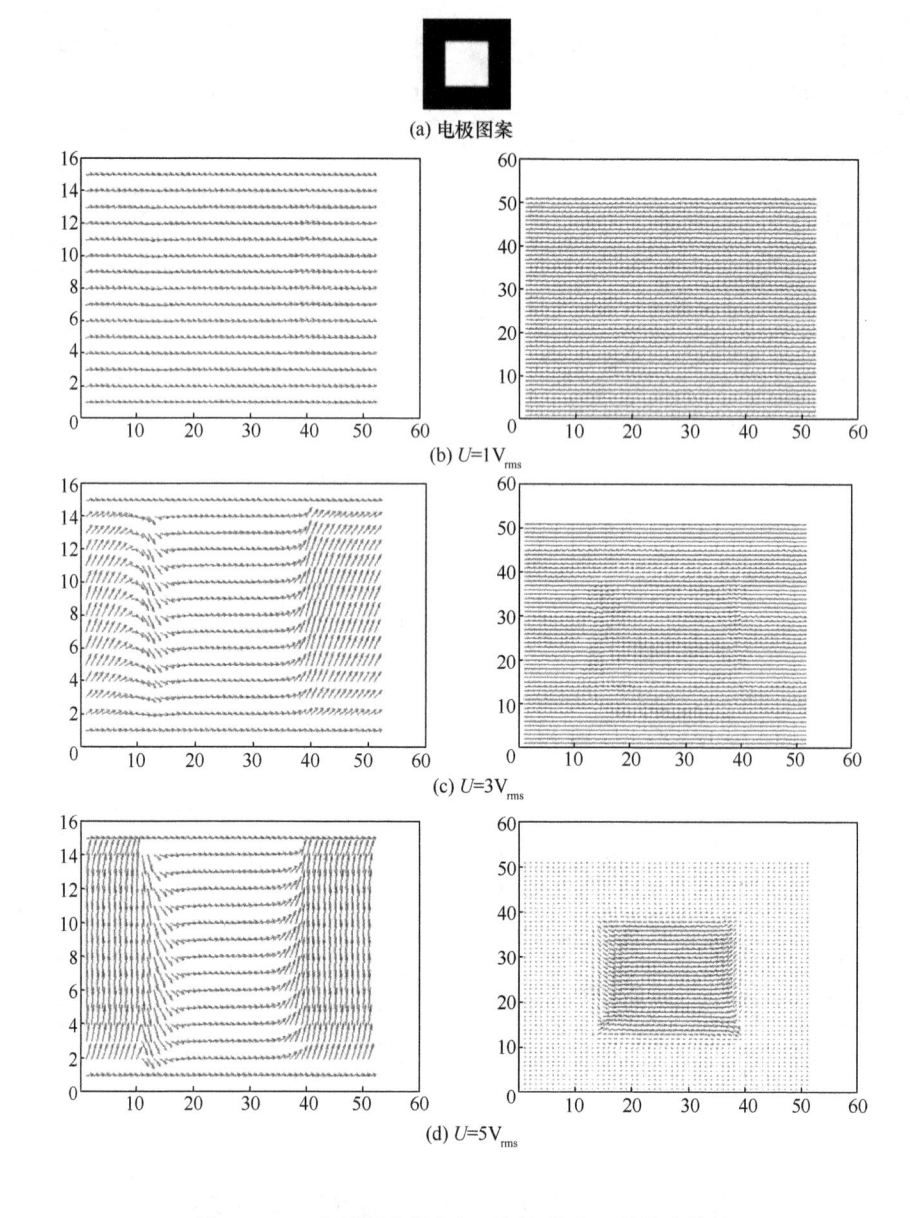

(b) $U=1V_{rms}$

(c) $U=3V_{rms}$

(d) $U=5V_{rms}$

图2-9 四角形图案化电极不同加载电压的仿真结果

(a) 电极图案

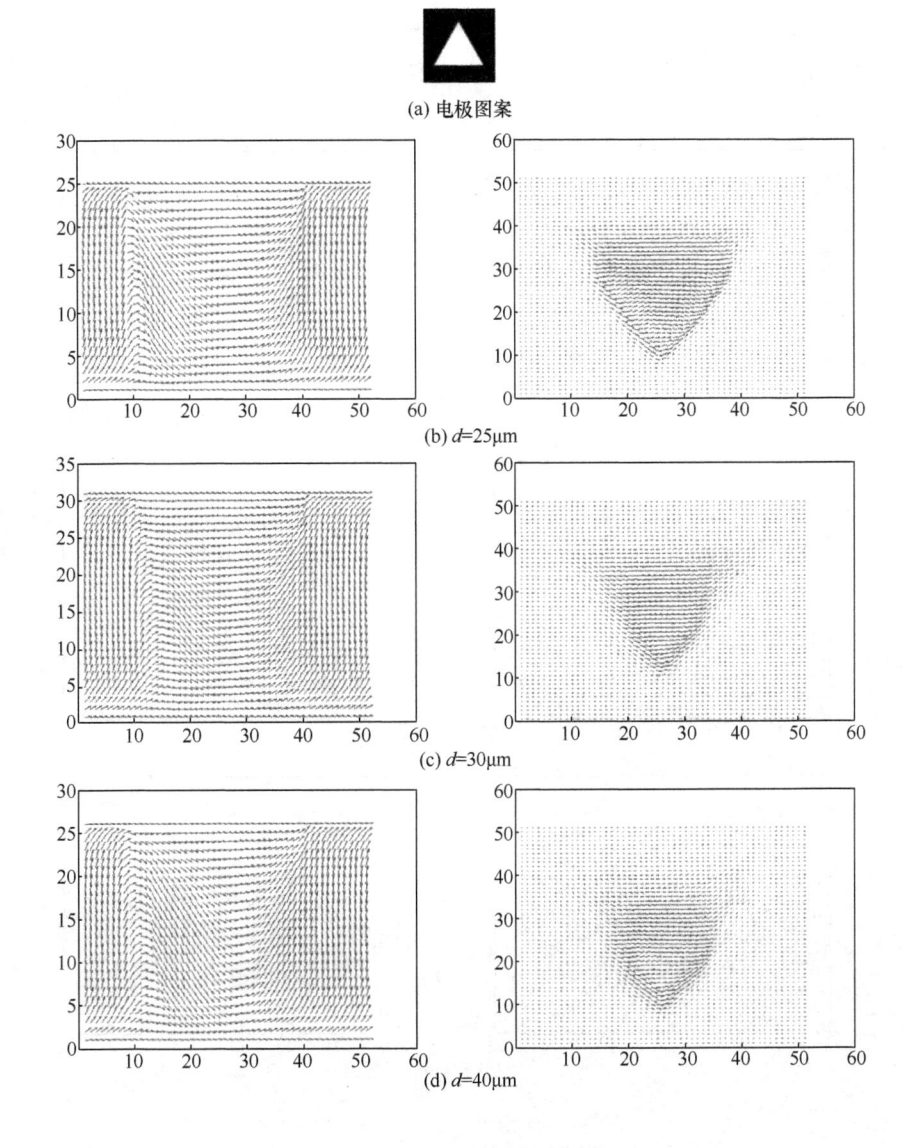

(b) $d=25\mu m$

(c) $d=30\mu m$

(d) $d=40\mu m$

图 2-10 三角形图案化电极不同液晶层厚度的仿真结果

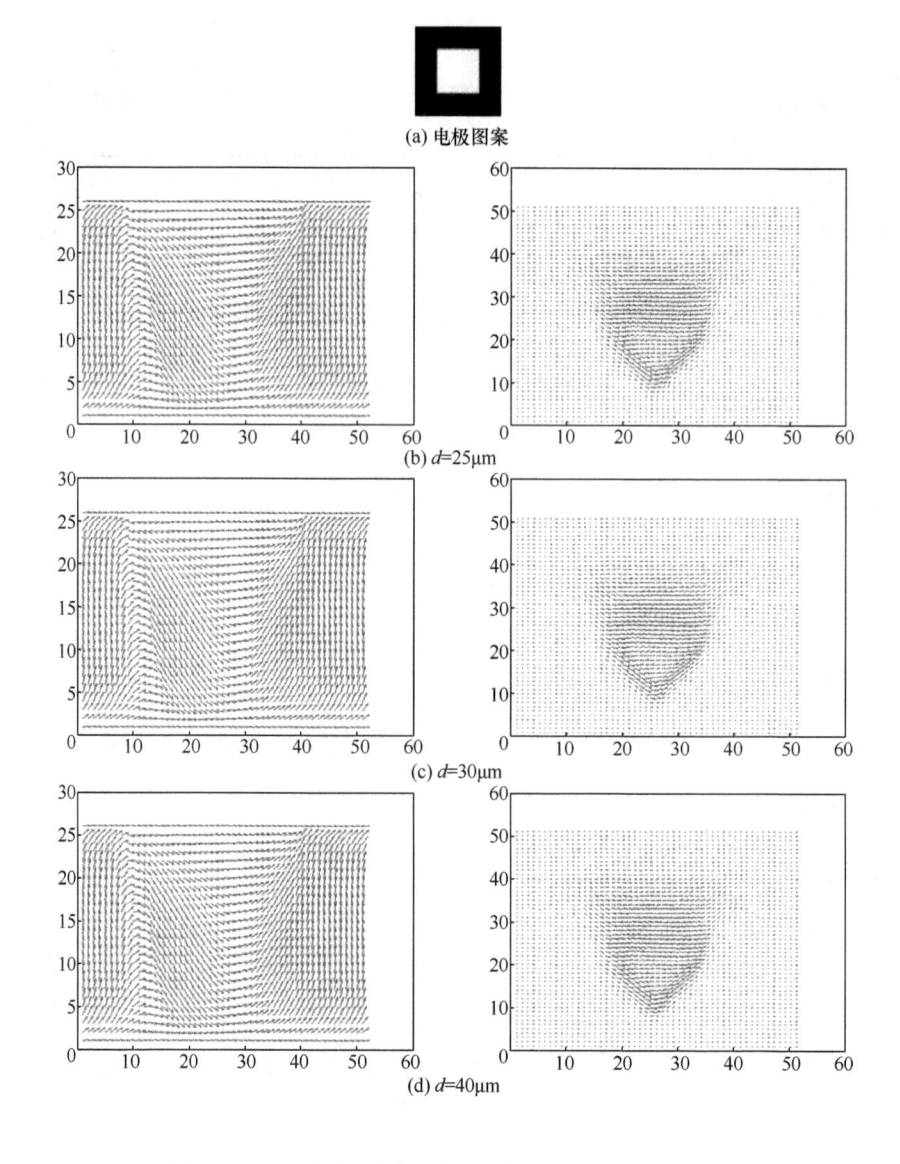

图 2-11 四角形图案化电极不同液晶层厚度的仿真结果

2.3.2 图案化电极液晶微透镜的光学特性

本小节中对各种图案化电极的液晶微透镜进行了3组实物测试:固定物距和像距,调节电压幅值得到的不同成像结果;不同图案化电极的干涉条纹图;不同图案化电极的聚焦图及能量分布图。测试光路如图2-12所示,测试用光源为白光源或激光,电压信号频率为1kHz。成像探测器为CCD相机(MVC3000)和光束质量分析仪(WinCamD),液晶材料为德国默克公司的E44向列相液晶,基本参数为 $K_{11}=15.5\times10^{-12}\text{N}$、$K_{22}=13.0\times10^{-12}\text{N}$、$K_{33}=28.0\times10^{-12}\text{N}$、$\varepsilon_{//}=22.0\varepsilon_0$、$\varepsilon_{\perp}=5.2\varepsilon_0$。两偏振片的偏振方向成90°,与微透镜的摩擦方向成45°。因激光光强太大,所以需经偏振片后进行能量衰减。图2-13是图案化电极液晶微透镜原理样片。

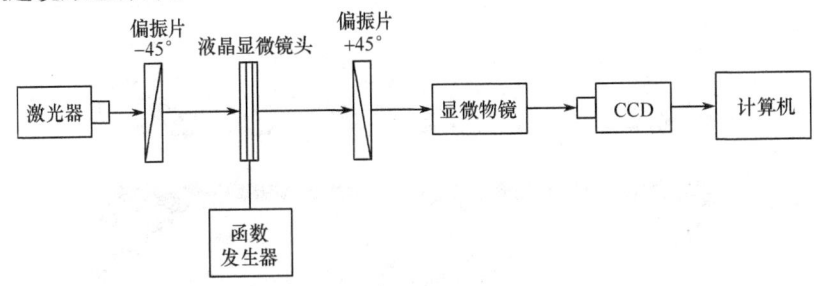

图2-12 液晶微透镜测试光路图

图2-13 图案化电极液晶微透镜原理样片

图2-14和图2-15是不同电极图案的液晶微透镜在加载不同电压幅值时的成像图,可以看到在调节电压幅值过程中图像由模糊到清晰再到模糊的变化过程,电压幅值达到 $5V_{\text{rms}}$ 时图像最清晰,继续加大电压后电极轮廓又开始变模糊,这是由于微透镜电控调焦时折射率变化而导致的。图2-16是不同图案化电极在蓝色激光下的干涉条纹图,可以看到由电极边缘处向内有清晰的多层细条纹,同一条纹上的各点相位相同折射率也相同,这和仿真得到的相位延迟角分

布的推导结果是一致的,说明仿真结果与试验结果是相符的。图2-17是各种图案化电极的聚焦图,各种正多边形图案化电极都可以达到聚焦效果,但从焦点的能量分布情况来看,边数越多能量分布越集中,点扩展函数越锐利,焦距效果越好,而圆孔图案是正多边形的极限情况,所以聚焦性能最佳,这也说明了大多数图案化电极采用圆孔形的原因。

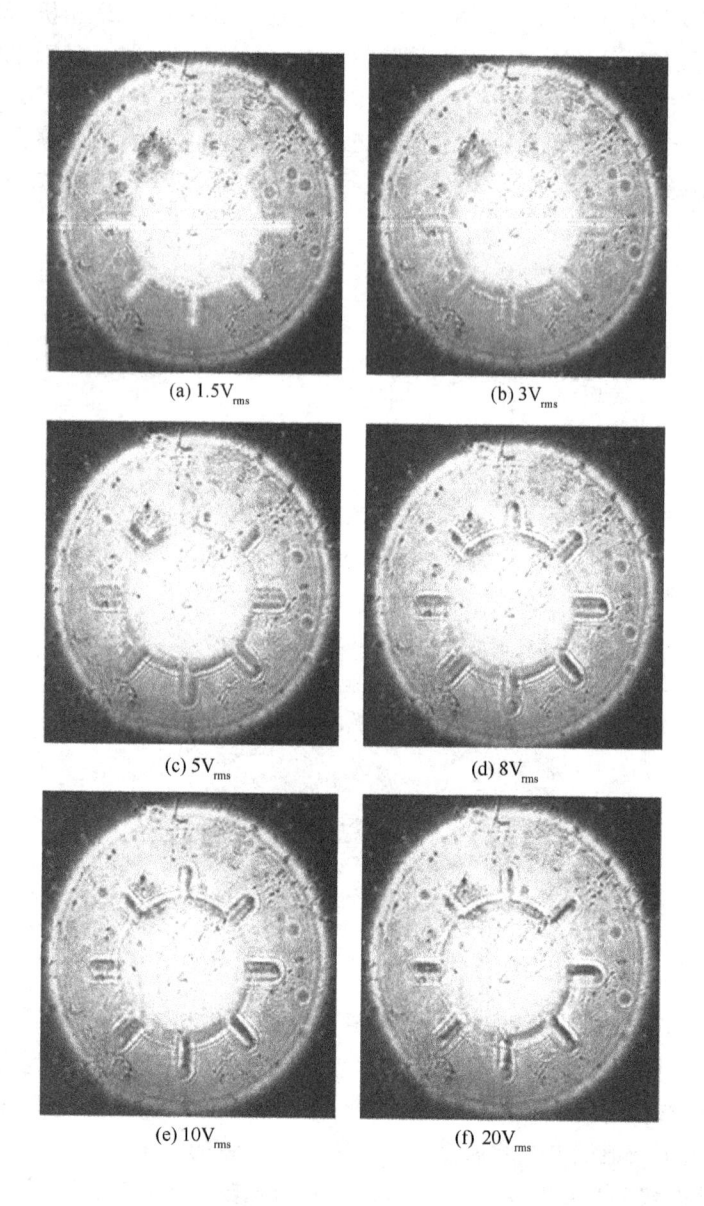

(a) $1.5V_{rms}$

(b) $3V_{rms}$

(c) $5V_{rms}$

(d) $8V_{rms}$

(e) $10V_{rms}$

(f) $20V_{rms}$

图2-14 太阳电极图案加载不同电压幅值时的图像

(a) $1.5V_{rms}$ (b) $3V_{rms}$

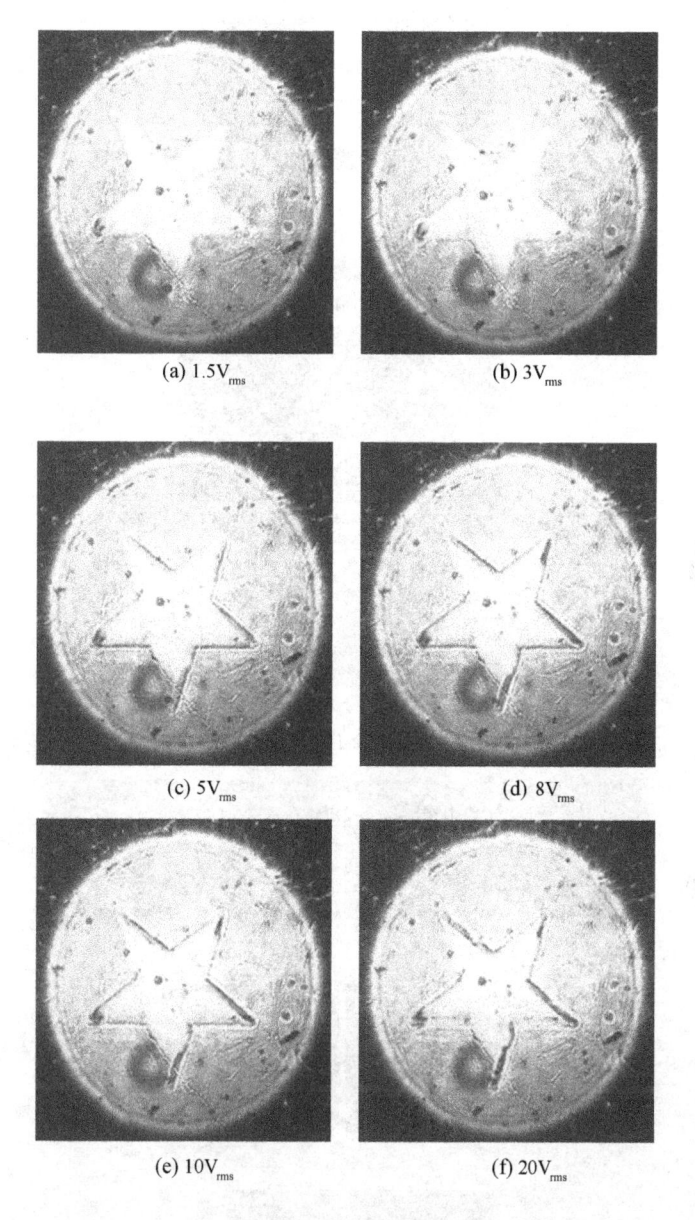

(c) $5V_{rms}$ (d) $8V_{rms}$

(e) $10V_{rms}$ (f) $20V_{rms}$

图 2-15　五角星电极图案加载不同电压幅值时的图像

  本章的仿真与测试都是针对单个单元图形进行的,这既是为了研究各种异形孔径微透镜的光电特性,也是为了后期的微透镜阵列研究做基础。传统的圆孔阵列微透镜成像效果好但填充系数低,所以需要找到一种填充系数高且成像效果良好的异形孔径电极图案。目前通过仿真测试发现,平面正六角形电极图案较适合代替圆孔图案作为阵列单元。

(a) 电极图案

(b) 图案化电极的蓝光干涉图

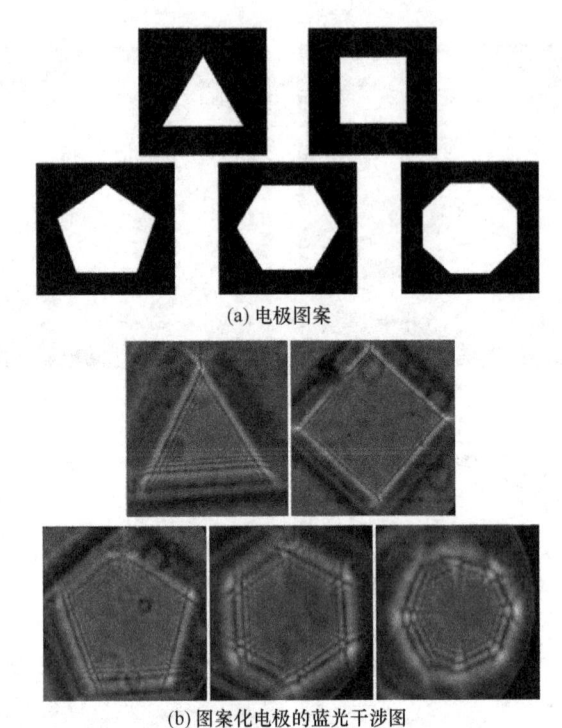

图 2-16　各种图案化电极的蓝光干涉图

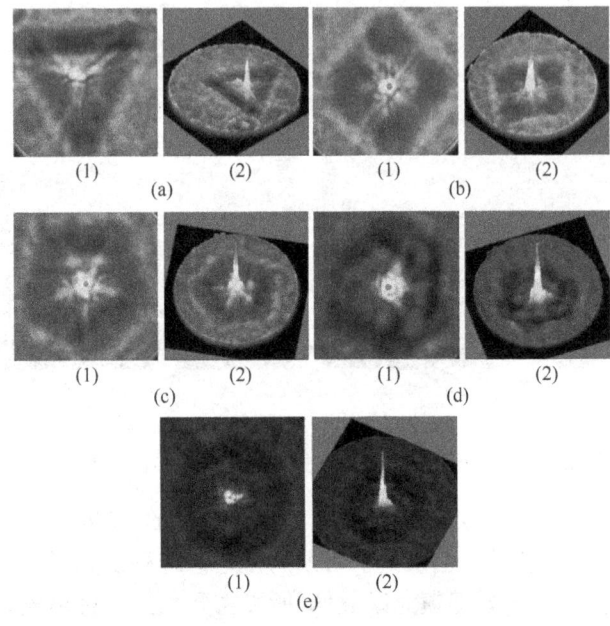

图 2-17　各种图案化电极的聚焦图像
(1)为焦斑平面图;(2)为焦斑能态分布三维立体图。

第3章 液晶微透镜的三维有限元建模

3.1 液晶微透镜的数值计算方法

通过对液晶微透镜工作原理的分析可知,液晶微透镜的光学性质由液晶层内液晶指向矢的分布决定,而这一分布又直接由电极图案和外加电压控制。因此,液晶微透镜仿真的基本问题可表述为:已知液晶盒的形状和电极图案及其尺寸,给电极加电后,求液晶盒内指向矢的分布。液晶的连续体弹性理论能计算电场作用下的指向矢分布,而且结果与实际情况基本符合。由于液晶在外加电场作用下的吉布斯自由能密度 f_g 的高度非线性,而且指向矢与电势相互耦合,使得不存在指向矢 n 的解析解,只能采用数值计算的方法。

在进行数值计算时,常用的坐标系有笛卡儿坐标系和球坐标系。在球坐标系中,液晶的指向矢可用倾角 θ 和方位角 ϕ 表示,由于为 n 是单位矢量,则 $n = (\sin\theta\cos\phi, \sin\theta\sin\phi, \cos\theta)$,如图 3-1 所示。在笛卡儿坐标系下,液晶的指向矢可表示为 $n = (n_x, n_y, n_z)$,约束条件为 $|n| = 1$。两种方法基本是一致的,只存在细微差别,即 n 和 $-n$ 是否等同,前者区分这两种情况,而后者不加区分,把它们作为一种情况来处理。实际上,用 n 和 $-n$ 计算得到的自由能密度是不同的,但在真实的向列相液晶中,两者是等价的,应该得到相同的自由能[113]。另外,当 $\theta = 0°$ 或 $\theta = 180°$ 时,方位角 ϕ 失去意义。本书将采用比较直观的笛卡儿坐标系,求指向矢 n 的分布,即 n 的3个分量 n_x、n_y 和 n_z。

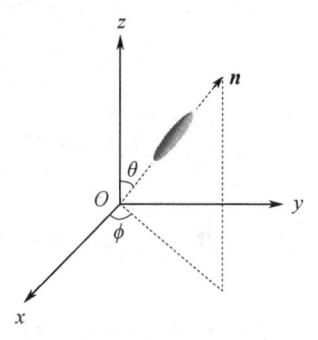

图 3-1 球坐标系下的液晶指向矢

在液晶微透镜指向矢的数值计算中,一般是基于连续体弹性理论,而常用的弹性自由能密度有经典的 Oseen-Frank 弹性自由能密度以及可由此推导的用 Q 张量描述的弹性自由能密度。Q 张量描述解决了 n 和 $-n$ 不同的问题,该描述中总是有两个指向矢的乘积出现,这样指向矢 n 的符号总会相互抵消,甚至在用有限差分处理空间微分时也一样。因此,用 Q 张量计算得到的指向矢分布更精确。Q 张量描述的液晶弹性自由能密度为

$$f_s = \frac{1}{27}(k_{33}-k_{11}+3k_{22})\frac{G_1^{(2)}}{s^2} + \frac{2}{9}(k_{11}-k_{22})\frac{G_2^{(2)}}{s^2} + \frac{2}{27}(k_{33}-k_{11})\frac{G_6^{(3)}}{s^3} \quad (3-1)$$

其中，$G_1^{(2)} = Q_{jk,l}Q_{jk,l}$，$G_2^{(2)} = Q_{jk,k}Q_{jk,l}$，$G_6^{(3)} = Q_{jk}Q_{lm,j}Q_{lm,k}$，而在 $G_1^{(2)}$、$G_2^{(2)}$ 和 $G_6^{(3)}$ 中，$Q_{jk} = \frac{s}{2}(3n_jn_k - \delta_{jk})$，$Q_{jk,l} = \frac{\partial Q_{jk}}{\partial l}$，其中 $j,k,l \in \{x,y,z\}$。以上各表达式中，$\boldsymbol{Q}$ 是一个张量，S 是一个标量参数。e_{ijk} 表示 Levi-Civita 符号，即 $e_{xyz} = e_{yzx} = e_{zxy} = 1$，且 $e_{xzy} = e_{yxz} = e_{zyx} = -1$，其他情况为 0。$\delta_{jk}$ 表示 Kronecker 符号，即 $j = k$ 时为 1，其他情况为 0。式(3-1)用到了爱因斯坦求和约定，即省略了包含重复下标的各项前的求和符号[113,114]。另外，式(3-1)还去掉了包含弹性常数 k_{24} 和液晶螺距 q_0 的项，因为对 k_{24} 项的积分是一个常数，对结果没有影响，且本书研究的是向列相液晶，不需要考虑螺距的问题。可以发现，$\boldsymbol{Q}$ 张量描述的弹性自由能密度比较复杂，而且涉及许多数学问题，本书将采用比较容易理解的 Oseen-Frank 弹性自由能密度，与 $\boldsymbol{Q}$ 张量相对应，一般称之为矢量描述。

当液晶指向矢与电势达到平衡状态时，系统的自由能最小，变分为零，可得

$$\delta F_g = 0 \quad (3-2)$$

其中

$$F_g = \int_\Omega f_g \mathrm{d}u \quad (3-3)$$

$$f_g = \frac{1}{2}K_{11}(\nabla \cdot \boldsymbol{n})^2 + \frac{1}{2}K_{22}(\boldsymbol{n} \cdot \nabla \times \boldsymbol{n})^2 + \frac{1}{2}K_{33}|\boldsymbol{n} \times \nabla \times \boldsymbol{n}|^2 - \frac{1}{2}\boldsymbol{D}\cdot\boldsymbol{E}$$
$$(3-4)$$

另外，由于指向矢 $\boldsymbol{n}$ 是单位矢量，系统还应受 $|\boldsymbol{n}| = 1$ 这一条件约束，即

$$n_x^2 + n_y^2 + n_z^2 = 1 \quad (3-5)$$

吉布斯自由能密度 f_g 是指向矢 $\boldsymbol{n}$ 和电势 V 的函数，可表达为 $f_g(n_x,n_y,n_z,V)$，根据欧拉-拉格朗日方程，并引入拉格朗日不定乘子，可由式(3-2)~式(3-5)得

$$\frac{\partial f_g}{\partial U} - \frac{\mathrm{d}}{\mathrm{d}x}\frac{\partial f_g}{\partial(\mathrm{d}U/\mathrm{d}x)} - \frac{\mathrm{d}}{\mathrm{d}y}\frac{\partial f_g}{\partial(\mathrm{d}U/\mathrm{d}y)} - \frac{\mathrm{d}}{\mathrm{d}z}\frac{\partial f_g}{\partial(\mathrm{d}U/\mathrm{d}z)} = 0 \quad (3-6)$$

$$-[f_g]_{n_l} + \lambda n_l = 0 \quad l \in \{x,y,z\} \quad (3-7)$$

式中：λ 为拉格朗日不定乘子；$[f_g]_{n_l}$ 项为

$$[f_g]_{n_l} = \frac{\partial f_g}{\partial n_l} - \frac{\mathrm{d}}{\mathrm{d}x}\frac{\partial f_g}{\partial(\mathrm{d}n_l/\mathrm{d}x)} - \frac{\mathrm{d}}{\mathrm{d}y}\frac{\partial f_g}{\partial(\mathrm{d}n_l/\mathrm{d}y)} - \frac{\mathrm{d}}{\mathrm{d}z}\frac{\partial f_g}{\partial(\mathrm{d}n_l/\mathrm{d}z)} \quad l \in \{x,y,z\}$$
$$(3-8)$$

引入瑞利耗散函数后，式(3-7)可修正为

$$\gamma_1 \frac{\mathrm{d}n_l}{\mathrm{d}t} = -[f_g]_{n_l} + \lambda n_l \tag{3-9}$$

式中：γ_1 为液晶的取向黏滞系数。式(3-9)忽略了液晶的流动性,而只考虑液晶分子的转动。注意到,当系统达到平衡态时,式(3-9)退化为式(3-7),可见式(3-9)反映了液晶指向矢加电前后从一个平衡态向另一个平衡态的转变过程,而式(3-7)表示的是加电之后的平衡态。求解式(3-6)可得到电势的分布,而求解式(3-7)和式(3-9)任一个都可以得到液晶指向矢的分布。对式(3-9)做离散处理,即把微分项用前向差分代替,得

$$\gamma_1 \frac{n_l^{t+\Delta t} - n_l^t}{\Delta t} = -[f_g]_{n_l} + \lambda n_l \tag{3-10}$$

每经过一个时间间隔 Δt,指向矢都会更新,直到达到稳定状态。由于拉格朗日不定乘子 λ 的引入是为了使指向矢 $\boldsymbol{n}$ 为单位矢量,如果在每次更新后都对指向矢做归一化处理,则 λ 可以去除,由式(3-10)可得到

$$\tilde{n}_i^{t+\Delta t} = n_i^t - \frac{\Delta t}{\gamma_1}[f_g]_{n_l}, \quad n_l^{t+\Delta t} = \frac{\tilde{n}_i^{t+\Delta t}}{|\tilde{\boldsymbol{n}}^{t+\Delta t}|} \tag{3-11}$$

要注意到,由于吉布斯自由能密度 f_g 是指向矢与电势的函数,即两者相互耦合,在用式(3-11)迭代计算指向矢时,要求电势是已知的。

式(3-11)是一个迭代式,包含式(3-8)这一项,它是一个偏微分方程。于是,液晶微透镜的仿真问题变成了一个求解边界条件已知的偏微分方程的问题,明显的边界条件有极板电压和极板表面处的指向矢,它们在迭代过程中保持不变,指向矢不变是因为强锚定的作用。在偏微分方程的数值计算方法中,常用的有有限元法和有限差分法。第2章中采用了有限差分对研究区域做离散化处理,它划分的区域必须是规则的,如二维情况区域被离散为长方形,三维下为长方体,并且各维度的离散的间隔必须相等。有限元也要做离散处理,但对形状没有限制,二维情况下可以为三角形和四边形等,三维情况下可以为四面体和六面体等。显然,有限差分只能用于仿真长方体状的液晶盒,而有限元法能对任意结构的液晶设备进行建模。另外,与有限差分通过迭代求解相比,有限元通过求解大型稀疏矩阵系统得到精确解,是直接解线性系统,这是有限元法的内在特性。正因为如此,有限元法在液晶设备建模中有很大的优势,本章采用有限元来求解式(3-11)。

液晶微透镜中指向矢求解完成后,可以通过多种方式求电势的分布,如求解式(3-6),也可以通过高斯定律求解,即 $\nabla \cdot \boldsymbol{D} = 0$,电位移矢量 $\boldsymbol{D}$ 可写成电势的函数。还可以通过使系统的静电能最小化来求电势的分布,从变分角度来看,这与求解高斯定律是等价的。液晶微透镜内静电能可表达为

$$F_e = \int_\Omega \frac{1}{2} \boldsymbol{D} \cdot \boldsymbol{E} \mathrm{d}\Omega = \int_\Omega \frac{1}{2} \varepsilon_0 (\stackrel{\leftrightarrow}{\varepsilon} \nabla U) \cdot (\nabla U) \mathrm{d}\Omega \qquad (3-12)$$

对积分区域做离散化处理后,F_e 最小等价于 F_e 对各处电势的偏导为零,即

$$\frac{\partial F_e}{\partial U_i} = 0 \qquad (3-13)$$

式中:U_i 为区域离散后各节点的电势。对每个 i,由式(3-13)可得到一个方程,联立这些方程,解方程组即得电势的分布[115]。为了前后的一致性,仍然用有限元法来求解电势分布。

有限元法是用来求解由偏微分方程确定的含边界条件的边值问题的数值方法,是一种高效能、常用的计算方法。首先,要对所研究的区域做离散化处理,并选取合适的插值函数。在每个离散化单元内,用伽辽金法(Galerkin's method)处理偏微分方程,得到离散单元上的积分表达式,被积函数可用节点处的物理量通过插值函数表达为关于空间位置的函数,从而得到以节点处的物理量为未知量的线性方程组,方程组可写成矩阵的形式,对应的系数被称为单元矩阵和向量(element matrices and vectors)。对每个区域做类似处理,并把各区域得到的方程组整合起来,就得到了以整个离散区域各节点的物理量为未知数的线性方程组,其矩阵形式的系数为总体矩阵和向量(global matrix and vector)。用边界条件修正方程组,解之即求得各节点处的物理量的值。最后,通过插值函数,可以求任意非节点处的物理量的值。下面各节将按这些步骤对液晶微透镜进行三维有限元的建模。

3.1.1 离散化与插值函数

在偏微分方程的数值计算方法中,一般都要对研究区域进行离散化。有限元法对离散方案没有硬性规定,在二维情况下可用矩形、三角形、不规则的四边形等图形作离散化,三维情况可用四面体、六面体等进行离散化。以二维情况为例,分别用矩形、三角形和四边形对给定区域进行离散化,结果如图 3-2 所示。显然,用三角形与四边形做离散化的误差比矩形小,而三角形的节点数比四边形少,这涉及每个单元内未知量的个数,因此,在二维有限元的数值计算中,一般会

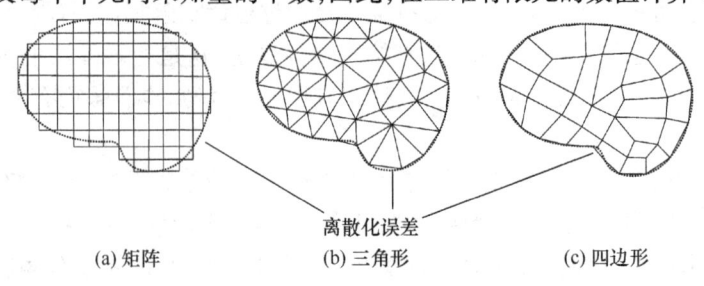

(a) 矩阵   (b) 三角形   (c) 四边形

图 3-2 用不同图形对二维区域作离散化处理

选取三角形作为离散化的基本单元。本小节要研究的是三维有限元的建模,根据二维情况的经验,选取四面体作为离散的基本单元[116]。

由于液晶盒比较规则,可以看作一个长方体,可以把它离散成更小的长方体,并把每个长方体分割成5个四面体。与有限差分不同的是,有限元不要求各长方体形状相同,对于比较重要的区域,可以用更小的长方体离散。对于不规则的液晶盒,对区域作四面体剖分会非常复杂,可以借助专业的库函数来解决,如Matlab中的delaunay()函数,给定一系列的空间点坐标,该函数会帮助完成二维的三角剖分或三维的四面体剖分。

有限元要在各四面体单元区域内做体积分运算,而一般的四面体是不规则的,在笛卡儿坐标系下计算积分很麻烦,因为积分限由四面体形状确定。利用坐标变换,从笛卡儿坐标系变换到自然坐标系,可以把普通的四面体变换成侧面为等腰直角三角形的正三棱椎,并且直角边长都为1,4个节点分别被变换到自然坐标系下对应的点,如图3-3所示。在这样的自然坐标系下,各四面体的积分限都是相同的,使得积分的数值计算变得容易处理。

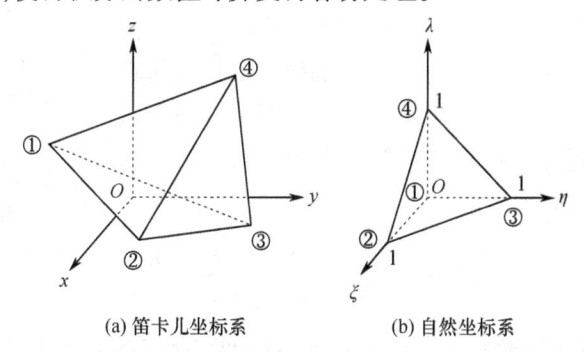

(a) 笛卡儿坐标系　　(b) 自然坐标系

图3-3　坐标变换

由于离散单元内的物理量的值是用各节点处的值通过插值得到的,需要推导在自然坐标系下的插值函数。插值函数是空间位置的函数,其个数与离散单元节点一致。令四面体4个节点对应的插值函数为$W_i(\xi,\eta,\lambda)(i=1,2,3,4)$,设$W_1(\xi,\eta,\lambda)=c_1+c_2\xi+c_3\eta+c_4\lambda$,$W_1$在坐标原点取值为1,在其他节点为0,于是可得

$$\begin{cases} c_1=1 \\ c_1+c_2=0 \\ c_1+c_3=0 \\ c_1+c_4=0 \end{cases} \tag{3-14}$$

解方程组(3-14)得,$c_1=1$、$c_2=c_3=c_4=-1$,于是有

$$W_1(\xi,\eta,\lambda)=1-\xi-\eta-\lambda \tag{3-15}$$

同理,可求得其他3个插值函数分别为

$$W_2(\xi,\eta,\lambda) = \xi \tag{3-16}$$

$$W_3(\xi,\eta,\lambda) = \eta \tag{3-17}$$

$$W_4(\xi,\eta,\lambda) = \lambda \tag{3-18}$$

注意到,这4个插值函数并非线性无关的,只有3个线性无关,另一个函数是其他3个的线性组合,如 $W_1 = 1 - W_2 - W_3 - W_4$,该式也可以写为 $W_1 + W_2 + W_3 + W_4 = 1$。设各节点处的某个物理量的值为 $v_i(i=1,2,3,4)$,则单元内任一点的值可用各节点处的值通过插值函数得到,即

$$v = \sum_{i=1}^{4} v_i W_i \tag{3-19}$$

式(3-19)可以理解为各节点处值的加权平均,而权值就是插值函数。各个节点的插值函数是有物理意义的,它表示与该节点相对的四面体的体积与单元总体积的比值。设四面体 $OABC$ 内任一点 P 的坐标为 (ξ,η,λ),则 W_i 为与节点 i 相对的四面体与四面体 $OABC$ 的体积的比值,如图3-4所示。以节点为例,它对应的插值函数是 W_4,与之相对的四面体为四面体 $POAC$,而单元为四面体 $BOAC$,则

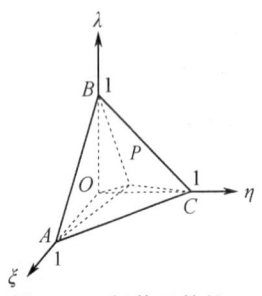

图3-4 插值函数的物理意义

$$W_4(\xi,\eta,\lambda) = \frac{V(POAC)}{V(BOAC)} = \frac{OA \times OC \times \lambda}{OA \times OC \times OB} = \lambda \tag{3-20}$$

同理可得 W_2 和 W_3,而与坐标原点 O 相对的四面体是四面体 $PACB$,其体积显然为总体积减去其他3个节点对应的四面体的体积,于是可得 $W_1(\xi,\eta,\lambda) = 1 - \xi - \eta - \lambda$。某个节点相对的四面体体积越大,其对应的插值函数越大,该节点的权值也越大。当求节点 i 处的值 v 时,与之相对的四面体为整个单元,其他节点的权值为0,对 v 没有贡献,此时 $v = v_i$。注意,式(3-19)只能求位于单元内部某处的值,在单元外部插值函数为0。

3.1.2 单元矩阵与向量

由3.1.1小节的推导,拉格朗日不定乘子 λ 可以去掉,式(3-9)可写为

$$\frac{\mathrm{d}n_l}{\mathrm{d}t} + \frac{1}{\gamma_1}[f_g]_{n_l} = 0 \quad l \in \{x,y,z\} \tag{3-21}$$

根据式(3-19),单元内任一位置的指向矢可通过节点处的指向矢插值得到,即

$$\tilde{n}_l = \sum_{i=1}^{4} n_{l,i} W_i \quad l \in \{x,y,z\} \tag{3-22}$$

式中：$n_{l,i}$ 为节点处的指向矢的分量；$\tilde{n}_l$ 为插值得到的 n_l 的近似值。用式(3-22)中的 $\tilde{n}_l$ 代替式(3-21)中的 n_l 可以得到余项，即插值的误差为

$$R = \frac{\mathrm{d}n_l}{\mathrm{d}t} + \frac{1}{\gamma_1}[f_g]_{n_l} \quad l \in \{x,y,z\} \tag{3-23}$$

当 $R=0$ 时，$\tilde{n}_l$ 将为精确解，但由于式(3-22)是插值得到的近似值，不可能得到指向矢的精确解，而只能尽可能地接近它。运用伽辽金法，可以使余项 R 最小化，它用插值函数作为权值对余项 R 加权，令加权项在空间积分为零，以此求出 R 取最小值时的指向矢，这种方法又称为加权余量法。对式(3-23)运用伽辽金法可得

$$\int_\Omega \left(\frac{\mathrm{d}\tilde{n}_l}{\mathrm{d}t} + \frac{1}{\gamma}[f_g]_{\tilde{n}_l} \right) W_i \mathrm{d}\Omega = 0 \quad i \in \{1,2,3,4\}, l \in \{x,y,z\} \tag{3-24}$$

式中：W_i 为单元各节点对应的插值函数，积分区域为离散单元。将式(3-22)代入式(3-24)得

$$\sum_{j=1}^{4} \left(\int_\Omega W_i W_j \mathrm{d}\Omega \right) \frac{\mathrm{d}n_{l,j}}{\mathrm{d}t} = -\int_\Omega \frac{1}{\gamma_1}[f_g]_{\tilde{n}_l} W_i \mathrm{d}\Omega \quad i \in \{1,2,3,4\}, l \in \{x,y,z\} \tag{3-25}$$

对每个 $n_l(l=x,y,z)$，i 取不同的值时，都可以得到一个线性方程，每个方程包含 4 个变量，分别对应四面体 4 个节点处的指向矢的分量。这样就得到了一个线性方程组，未知量有 4 个，方程也有 4 个，这个方程组可写成矩阵的形式，即

$$A\left(\frac{\mathrm{d}n_l}{\mathrm{d}t}\right) = b \quad l \in (x,y,z) \tag{3-26}$$

具体表达式为

$$A_{i,j} = \int_\Omega W_i W_j \mathrm{d}\Omega \tag{3-27}$$

$$b_i = -\int_\Omega \frac{1}{\gamma_1}[f_g]_{\tilde{n}_l} W_i \mathrm{d}\Omega \tag{3-28}$$

用前向差分代替式(3-26)中的微分项，得

$$(n_l^{t+\Delta t}) = (n_l^t) + \Delta t A^{-1} b \quad l \in \{x,y,z\} \tag{3-29}$$

注意，每次迭代完成后，还要对指向矢做归一化处理。有限元法不是直接处理式(3-11)而是对它做了修正，并且变成了矩阵与向量的形式，得到式(3-29)。式(3-29)是在一个单元内的方程，而 A 和 b 即为用于求指向矢的单元矩阵和

向量。

求解完单元内的指向矢后,还需要求电势的分布。电势需要结合式(3-12)和式(3-13)来求解,把式(3-12)中的梯度项展开得

$$F_e = \frac{1}{2}\varepsilon_0 \int_\Omega \left(\frac{\partial V}{\partial x}, \frac{\partial V}{\partial y}, \frac{\partial V}{\partial z}\right) \cdot \left(\boldsymbol{\varepsilon}\left(\frac{\partial V}{\partial x}, \frac{\partial V}{\partial y}, \frac{\partial V}{\partial z}\right)^T\right) d\Omega \quad (3-30)$$

显然,F_e 是 V 的空间导数的二次函数。为了对式(3-13)进行数值计算,需要离散化积分区域,为了与前面一致,我们将用四面体进行离散化。由式(3-19)可得单元内任一位置的电势值,即

$$\hat{V} = \sum_{i=1}^{4} V_i W_i \quad (3-31)$$

式中:V_i 为各节点的电势值;W_i 为各节点对应的插值函数。可用式(3-31)代替式(3-30)中的 V,然后求 F_e 对四面体各项点处电势值 V_i 的偏导,得

$$\frac{\partial F_e}{\partial V_i} = \frac{1}{2}\varepsilon_0 \int_\Omega \left(\frac{\partial W_i}{\partial x}, \frac{\partial W_i}{\partial y}, \frac{\partial W_i}{\partial z}\right) \cdot \left(\boldsymbol{\varepsilon}\left(\frac{\partial V}{\partial x}, \frac{\partial V}{\partial y}, \frac{\partial V}{\partial z}\right)^T\right) d\Omega +$$

$$\frac{1}{2}\varepsilon_0 \int_\Omega \left(\frac{\partial V}{\partial x}, \frac{\partial V}{\partial y}, \frac{\partial V}{\partial z}\right) \cdot \left(\vec{\boldsymbol{\varepsilon}}\left(\frac{\partial W_j}{\partial x}, \frac{\partial W_j}{\partial y}, \frac{\partial W_j}{\partial z}\right)^T\right) d\Omega \quad (3-32)$$

结合式(3-13)可得到如下矩阵形式的等式

$$\boldsymbol{BV} = 0 \quad (3-33)$$

式(3-33)为一个单元内的方程,矩阵 $\boldsymbol{B}$ 为单元矩阵,可通过求式(3-32)对 V_j 的偏导得到,即

$$B_{i,j} = \frac{\partial^2 F_e}{\partial V_i \partial V_j}$$

$$= \frac{1}{2}\varepsilon_0 \int_\Omega \left(\frac{\partial W_i}{\partial x}, \frac{\partial W_i}{\partial y}, \frac{\partial W_i}{\partial z}\right) \cdot \left(\boldsymbol{\varepsilon}\left(\frac{\partial W_j}{\partial x}, \frac{\partial W_j}{\partial y}, \frac{\partial W_j}{\partial z}\right)^T\right) d\Omega$$

$$+ \frac{1}{2}\varepsilon_0 \int_\Omega \left(\frac{\partial W_j}{\partial x}, \frac{\partial W_j}{\partial y}, \frac{\partial W_j}{\partial z}\right) \cdot \left(\boldsymbol{\varepsilon}\left(\frac{\partial W_i}{\partial x}, \frac{\partial W_i}{\partial y}, \frac{\partial W_i}{\partial z}\right)^T\right) d\Omega \quad (3-34)$$

由第2章式(2.24)可知,$\boldsymbol{\varepsilon}$ 是一个对称张量,于是式(3-34)可化简为[32]

$$B_{i,j} = \varepsilon_0 \int_\Omega \left(\frac{\partial W_i}{\partial x}, \frac{\partial W_i}{\partial y}, \frac{\partial W_i}{\partial z}\right) \cdot \left(\boldsymbol{\varepsilon}\left(\frac{\partial W_j}{\partial x}, \frac{\partial W_j}{\partial y}, \frac{\partial W_j}{\partial z}\right)^T\right) d\Omega \quad (3-35)$$

由式(3-35)就可以求出矩阵 $\boldsymbol{B}$,由于液晶的介电各向异性,$\boldsymbol{B}$ 的表达式展开后会很复杂。需要注意的是,式(3-27)、式(3-28)和式(3-35)中,有的积分函数中同时含有笛卡儿坐标系和自然坐标系中的量,对这种情况要做进一步处理。

3.1.3　坐标变换下单元矩阵的数值计算

3.1.2 小节的单元矩阵和向量是在自然坐标系下推导的结果,而有的积分函数却含有笛卡儿坐标系中的量,为了便于数值计算,需要把与笛卡儿坐标系相关的量变换到自然坐标系下,三重积分的坐标变换公式为

$$\iiint_\Omega f(x,y,z)\,\mathrm{d}x\mathrm{d}y\mathrm{d}z$$
$$= \int_0^1 \mathrm{d}\xi \int_0^{1-\xi} \mathrm{d}\eta \int_0^{1-\xi-\eta} f(x(\xi,\eta,\lambda),y(\xi,\eta,\lambda),z(\xi,\eta,\lambda))\,|J|\,\mathrm{d}\lambda \quad (3-36)$$

由式(3-27)可知,矩阵 A 各元素的积分函数只包含插值函数,它是在自然坐标系下定义的,不用做变换,可以直接计算,即

$$A_{ij} = \int_0^1 \mathrm{d}\xi \int_0^{1-\xi} \mathrm{d}\eta \int_0^{1-\xi-\eta} W_i W_j \mathrm{d}\lambda \quad (3-37)$$

把式(3-15)~式(3-18)依次代入式(3-37),可求得矩阵 A 的各元素。由于每个不规则的四面体单元都变换成了规则的四面体,即积分限是相同的,而且插值函数也是相同的,因此在不同的单元中,矩阵 A 是相同的,而不需要单独计算,利用这一点能极大地减少计算量。

观察式(3-35)可知,矩阵 B 的积分函数包含插值函数对笛卡儿坐标系中空间位置的偏导,需要把这些偏导变换到自然坐标系下。把式(3-19)用于空间坐标,得

$$x = \sum_{i=1}^4 x_i W_i = x_1 W_1 + x_2 W_2 + x_3 W_3 + x_4 W_4 \quad (3-38)$$

$$y = \sum_{i=1}^4 y_i W_i = y_1 W_1 + y_2 W_2 + y_3 W_3 + y_4 W_4 \quad (3-39)$$

$$z = \sum_{i=1}^4 z_i W_i = z_1 W_1 + z_2 W_2 + z_3 W_3 + z_4 W_4 \quad (3-40)$$

其中,$x_i,y_i,(i=1,2,3,4)$ 分别为四面体各节点的坐标。把式(3-15)~式(3-18)代入式(3-38)~式(3-40)得

$$x = x_1 + x_{21}\xi + x_{31}\eta + x_{41}\lambda \quad (3-41)$$

$$y = y_1 + y_{21}\xi + y_{31}\eta + y_{41}\lambda \quad (3-42)$$

$$z = z_1 + z_{21}\xi + z_{31}\eta + z_{41}\lambda \quad (3-43)$$

其中,$v_{ij}=v_i-v_j,v=x,y,z$。根据链式求导规则有

$$\frac{\partial W}{\partial \xi} = \frac{\partial W}{\partial x}\frac{\partial x}{\partial \xi} + \frac{\partial W}{\partial y}\frac{\partial y}{\partial \xi} + \frac{\partial W}{\partial z}\frac{\partial z}{\partial \xi} \quad (3-44)$$

$$\frac{\partial W}{\partial \eta} = \frac{\partial W}{\partial x}\frac{\partial x}{\partial \eta} + \frac{\partial W}{\partial y}\frac{\partial y}{\partial \eta} + \frac{\partial W}{\partial z}\frac{\partial z}{\partial \eta} \quad (3-45)$$

$$\frac{\partial W}{\partial \lambda} = \frac{\partial W}{\partial x}\frac{\partial x}{\partial \lambda} + \frac{\partial W}{\partial y}\frac{\partial y}{\partial \lambda} + \frac{\partial W}{\partial z}\frac{\partial z}{\partial \lambda} \quad (3-46)$$

式(3-44)~式(3-46)可写成矩阵的形式,即

$$\begin{pmatrix} \dfrac{\partial W}{\partial \xi} \\ \dfrac{\partial W}{\partial \eta} \\ \dfrac{\partial W}{\partial \lambda} \end{pmatrix} = \begin{bmatrix} \dfrac{\partial x}{\partial \xi} & \dfrac{\partial y}{\partial \xi} & \dfrac{\partial z}{\partial \xi} \\ \dfrac{\partial x}{\partial \eta} & \dfrac{\partial y}{\partial \eta} & \dfrac{\partial z}{\partial \eta} \\ \dfrac{\partial x}{\partial \lambda} & \dfrac{\partial y}{\partial \lambda} & \dfrac{\partial z}{\partial \lambda} \end{bmatrix} \begin{pmatrix} \dfrac{\partial W}{\partial x} \\ \dfrac{\partial W}{\partial y} \\ \dfrac{\partial W}{\partial z} \end{pmatrix} \quad (3-47)$$

式(3-47)中右边的3×3的方阵为雅可比矩阵,用 J 来表示,由式(3-41)~式(3-43)可求 J 中各元素,得

$$J = \begin{bmatrix} x_{21} & y_{21} & z_{21} \\ x_{31} & y_{31} & z_{31} \\ x_{41} & y_{41} & z_{41} \end{bmatrix} \quad (3-48)$$

四面体的体积可表达为

$$V = \frac{1}{6} \begin{vmatrix} 1 & x_1 & y_1 & z_1 \\ 1 & x_2 & y_2 & z_2 \\ 1 & x_3 & y_3 & z_3 \\ 1 & x_4 & y_4 & z_4 \end{vmatrix} \quad (3-49)$$

经计算可以发现,$|J| = 6V$,这要求四面体各节点是按逆时针编号的。其中说的逆时针是指从四面体内部看四面体的一个面,对这个面按逆时针编号,剩下的一个节点作为编号4。以图3-4为例,可按 OACB、ABCO、OBAC 和 OCBA 等顺序编号,按顺时针编号最后得到的体积会是一个负值。

把式(3-48)代入式(3-47)可得

$$\begin{pmatrix} \dfrac{\partial W}{\partial x} \\ \dfrac{\partial W}{\partial y} \\ \dfrac{\partial W}{\partial z} \end{pmatrix} = J^{-1} \begin{pmatrix} \dfrac{\partial W}{\partial \xi} \\ \dfrac{\partial W}{\partial \eta} \\ \dfrac{\partial W}{\partial \lambda} \end{pmatrix} \quad (3-50)$$

式中:J^{-1} 为矩阵 J 的逆,展开得

$$J^{-1} = \frac{J^*}{|J|} = \frac{1}{|J|} \begin{bmatrix} y_{31}z_{41} - y_{41}z_{31} & x_{41}z_{31} - x_{31}z_{41} & x_3y_{41} - x_{41}y_{31} \\ y_{41}z_{21} - y_{21}z_{41} & x_{21}z_{41} - x_{41}z_{21} & x_{41}y_{21} - x_{21}y_{41} \\ y_{21}z_{31} - y_{31}z_{21} & x_{31}z_{21} - x_{21}z_{31} & x_{21}y_{31} - x_{31}y_{21} \end{bmatrix} \quad (3-51)$$

由插值函数 W_1,即式(3-15)有

$$\frac{\partial W_1}{\partial \xi} = \frac{\partial W_1}{\partial \eta} = \frac{\partial W_1}{\partial \lambda} = -1 \tag{3-52}$$

把式(3-51)和式(3-52)代入式(3-50)得

$$\frac{\partial W_1}{\partial x} = \frac{1}{|\boldsymbol{J}|}(y_{41}z_{31} - y_{31}z_{41} + x_{31}z_{41} - x_{41}z_{31} + x_{41}y_{31} - x_{31}y_{41}) \tag{3-53}$$

$$\frac{\partial W_1}{\partial y} = \frac{1}{|\boldsymbol{J}|}(y_{21}z_{41} - y_{41}z_{21} + x_{41}z_{21} - x_{21}z_{41} + x_{21}y_{41} - x_{41}y_{21}) \tag{3-54}$$

$$\frac{\partial W_1}{\partial z} = \frac{1}{|\boldsymbol{J}|}(y_{31}z_{21} - y_{21}z_{31} + x_{21}z_{31} - x_{31}z_{21} + x_{31}y_{21} - x_{21}y_{31}) \tag{3-55}$$

同理,可求得

$$\frac{\partial W_2}{\partial x} = \frac{1}{|\boldsymbol{J}|}(y_{31}z_{41} - y_{41}z_{31}) \tag{3-56}$$

$$\frac{\partial W_2}{\partial y} = \frac{1}{|\boldsymbol{J}|}(y_{41}z_{21} - y_{21}z_{41}) \tag{3-57}$$

$$\frac{\partial W_2}{\partial z} = \frac{1}{|\boldsymbol{J}|}(y_{21}z_{31} - y_{31}z_{21}) \tag{3-58}$$

$$\frac{\partial W_3}{\partial x} = \frac{1}{|\boldsymbol{J}|}(x_{41}z_{31} - x_{31}z_{41}) \tag{3-59}$$

$$\frac{\partial W_3}{\partial y} = \frac{1}{|\boldsymbol{J}|}(x_{21}z_{41} - x_{41}z_{21}) \tag{3-60}$$

$$\frac{\partial W_3}{\partial z} = \frac{1}{|\boldsymbol{J}|}(x_{31}z_{21} - x_{21}z_{31}) \tag{3-61}$$

$$\frac{\partial W_4}{\partial x} = \frac{1}{|\boldsymbol{J}|}(x_{31}y_{41} - x_{41}y_{31}) \tag{3-62}$$

$$\frac{\partial W_4}{\partial y} = \frac{1}{|\boldsymbol{J}|}(x_{41}y_{21} - x_{21}y_{41}) \tag{3-63}$$

$$\frac{\partial W_4}{\partial z} = \frac{1}{|\boldsymbol{J}|}(x_{21}y_{31} - x_{31}y_{21}) \tag{3-64}$$

结合式(3-53)~式(3-64),可由式(3-35)和式(3-36)求矩阵 $\boldsymbol{B}$ 中的各元素,即

$$B_{ij} = \varepsilon_0 \int_0^1 \mathrm{d}\xi \int_0^{1-\xi} \mathrm{d}\eta \int_0^{1-\xi-\eta} p_i \cdot (\boldsymbol{\varepsilon}p_j^{\mathrm{T}}) \mid \boldsymbol{J} \mid \mathrm{d}\lambda \tag{3-65}$$

式中:$\boldsymbol{p}_i$ 为一个行向量,即

$$\boldsymbol{p}_i = \left(\frac{\partial W_i}{\partial x}, \frac{\partial W_i}{\partial y}, \frac{\partial W_i}{\partial z}\right) \tag{3-66}$$

3.1.4 单元向量的数值计算

由式(3-28)可知,单元向量 b 与矩阵 A 和 B 不同,它含有与吉布斯自由能相关的项,这使得向量 b 非常复杂。把式(3-4)代入式(3-8),得到的表达式项数比较多,可分成低阶导项和高阶导项[32],即

$$[f_g]_{n_l} = [f_0]_{n_l} + \sum f^l_{ijk} \frac{\partial^2 n_i}{\partial j \partial k} \quad l、i、j、k \in \{x, y, z\} \quad (3-67)$$

式中:$[f_0]_{n_l}$ 为低阶导项,即最高不超过一阶导,其他的为二阶导项,f^l_{ijk} 为对应的二阶导项的系数。由式(3-29)可知,指向矢 n_l 的三个分量要单独计算,各分量都有一个 b_i 与之对应。当计算 n_x 时,取 $l=x$,展开式(3-8)得到的表达式中,低阶导项为

$$\begin{aligned}
[f_0]_n = & (k_{22} - k_{33}) n_y \frac{\partial n_z}{\partial z} \frac{\partial n_x}{\partial y} - 2k_{22} n_y \frac{\partial n_x}{\partial z} \frac{\partial n_y}{\partial z} + (2k_{22} n_x - k_{33} n_x) \left(\frac{\partial n_y}{\partial z}\right)^2 \\
& - 2k_{33} n_z \frac{\partial n_x}{\partial z} \frac{\partial n_z}{\partial z} - k_{33} n_x \left(\frac{\partial n_x}{\partial z}\right)^2 + (k_{22} - k_{33}) n_z \frac{\partial n_y}{\partial z} \frac{\partial n_y}{\partial y} - k_{33} n_x \left(\frac{\partial n_x}{\partial y}\right)^2 \\
& + (k_{22} - k_{33}) n_z \frac{\partial n_x}{\partial z} \frac{\partial n_x}{\partial y} - \Delta \varepsilon n_x \left(\frac{\partial V}{\partial x}\right)^2 - 2k_{33} n_y \frac{\partial n_x}{\partial y} \frac{\partial n_y}{\partial y} - 2k_{22} n_z \frac{\partial n_x}{\partial y} \frac{\partial n_z}{\partial y} \\
& + 2(k_{33} - 2k_{22}) n_x \frac{\partial n_y}{\partial z} \frac{\partial n_z}{\partial y} + (k_{22} - k_{33}) n_y \frac{\partial n_x}{\partial z} \frac{\partial n_z}{\partial y} + (2k_{22} - k_{33}) n_x \left(\frac{\partial n_z}{\partial y}\right)^2 \\
& + 2(k_{33} - k_{22}) n_z \frac{\partial n_y}{\partial z} \frac{\partial n_y}{\partial x} + (k_{33} - k_{22}) n_y \frac{\partial n_y}{\partial z} \frac{\partial n_z}{\partial x} + (3k_{22} - k_{33}) n_y \frac{\partial n_y}{\partial z} \frac{\partial n_x}{\partial x} \\
& + (3k_{22} - k_{33}) n_z \frac{\partial n_z}{\partial y} \frac{\partial n_x}{\partial x} + k_{33} n_x \left(\frac{\partial n_y}{\partial x}\right)^2 - \Delta \varepsilon n_y \frac{\partial V}{\partial y} \frac{\partial V}{\partial x} + 2k_{33} n_y \frac{\partial n_x}{\partial x} \frac{\partial n_y}{\partial x} \\
& + (k_{33} - k_{22}) n_z \frac{\partial n_y}{\partial y} \frac{\partial n_z}{\partial x} + 2(k_{33} - k_{22}) n_y \frac{\partial n_z}{\partial y} \frac{\partial n_z}{\partial x} + k_{33} n_x \left(\frac{\partial n_z}{\partial x}\right)^2 \\
& - \Delta \varepsilon n_z \frac{\partial V}{\partial z} \frac{\partial V}{\partial x} + 2k_{33} n_z \frac{\partial n_z}{\partial z} \frac{\partial n_z}{\partial x}
\end{aligned} \quad (3-68)$$

高阶导项为

$$\begin{aligned}
\sum f^x_{ijk} \frac{\partial^2 n_i}{\partial j \partial k} = & (k_{22} - k_{33}) n_x n_y \frac{\partial^2 n_y}{\partial z^2} + (k_{33} n_x^2 + k_{33} n_y^2 + k_{22} n_z^2 - k_{11}) \frac{\partial^2 n_y}{\partial x \partial y} \\
& - (k_{33} n_x^2 + k_{22} n_y^2 + k_{33} n_z^2) \frac{\partial^2 n_x}{\partial z^2} + (k_{33} n_x^2 + k_{22} n_y^2 + k_{33} n_z^2 - k_{11}) \frac{\partial^2 n_z}{\partial x \partial z} \\
& + (k_{22} - k_{33}) n_x n_z \frac{\partial^2 n_z}{\partial y^2} - (k_{33} n_x^2 + k_{33} n_y^2 + k_{22} n_z^2) \frac{\partial^2 n_x}{\partial y^2} - k_{11} \frac{\partial^2 n_x}{\partial x^2} \\
& + (k_{33} - k_{22}) n_y n_z \frac{\partial^2 n_x}{\partial x \partial y} + (k_{33} - k_{22}) n_x n_y \frac{\partial^2 n_z}{\partial y \partial z} + (k_{33} - k_{22}) n_x n_z \frac{\partial^2 n_y}{\partial y \partial z}
\end{aligned}$$

$$+ 2(k_{22} - k_{33})n_y n_z \frac{\partial^2 n_x}{\partial y \partial z} + (k_{33} - k_{22})n_y n_z \frac{\partial^2 n_y}{\partial x \partial z} \qquad (3-69)$$

计算 n_x 时，取 $l = y$，展开式(3-8)得到的表达式中，低阶导项为

$$\begin{aligned}
[f_0]_{n_y} = & (2k_{22} - k_{33})n_y \left(\frac{\partial n_x}{\partial z}\right)^2 + (k_{33} - k_{22})n_z \frac{\partial n_z}{\partial y}\frac{\partial n_z}{\partial x} - 2k_{22}n_x \frac{\partial n_x}{\partial z}\frac{\partial n_y}{\partial z} \\
& + 2(k_{33} - k_{22})n_z \frac{\partial n_x}{\partial z}\frac{\partial n_x}{\partial y} + (k_{33} - k_{22})n_x \frac{\partial n_z}{\partial z}\frac{\partial n_x}{\partial y} + (3k_{22} - k_{33})n_x \frac{\partial n_x}{\partial z}\frac{\partial n_z}{\partial y} \\
& + k_{33}n_y \left(\frac{\partial n_x}{\partial y}\right)^2 + (k_{22} - k_{33})n_z \frac{\partial n_x}{\partial z}\frac{\partial n_y}{\partial x} + 2k_{33}n_z \frac{\partial n_z}{\partial z}\frac{\partial n_z}{\partial y} + k_{33}n_y \left(\frac{\partial n_z}{\partial y}\right)^2 \\
& - \Delta\varepsilon n_y \left(\frac{\partial V}{\partial y}\right)^2 + (k_{22} - k_{33})n_z \frac{\partial n_y}{\partial z}\frac{\partial n_x}{\partial y} + 2k_{33}n_x \frac{\partial n_x}{\partial y}\frac{\partial n_x}{\partial x} - k_{33}n_y \left(\frac{\partial n_y}{\partial z}\right)^2 \\
& - \Delta\varepsilon n_z \frac{\partial V}{\partial z}\frac{\partial V}{\partial y} - 2k_{33}n_z \frac{\partial n_y}{\partial z}\frac{\partial n_z}{\partial z} + (k_{22} - k_{33})n_x \frac{\partial n_y}{\partial z}\frac{\partial n_z}{\partial x} - 2k_{33}n_x \frac{\partial n_x}{\partial x}\frac{\partial n_y}{\partial x} \\
& + 2(k_{33} - 2k_{22})n_y \frac{\partial n_x}{\partial z}\frac{\partial n_z}{\partial x} + (k_{22} - k_{33})n_x \frac{\partial n_y}{\partial z}\frac{\partial n_y}{\partial x} + (2k_{22} - k_{33})n_y \left(\frac{\partial n_z}{\partial x}\right)^2 \\
& + (3k_{22} - k_{33})n_z \frac{\partial n_x}{\partial y}\frac{\partial n_z}{\partial x} + 2(k_{33} - k_{22})n_x \frac{\partial n_z}{\partial y}\frac{\partial n_z}{\partial x} - 2k_{22}n_z \frac{\partial n_y}{\partial x}\frac{\partial n_z}{\partial x} \\
& - k_{33}n_y \left(\frac{\partial n_y}{\partial x}\right)^2 - \Delta\varepsilon n_x \frac{\partial V}{\partial y}\frac{\partial V}{\partial x} \qquad (3-70)
\end{aligned}$$

高阶导项为

$$\begin{aligned}
\sum f_{ijk} \frac{\partial^2 n_i}{\partial j \partial k} = & (k_{22} - k_{33})n_x n_y \frac{\partial^2 n_x}{\partial z^2} - (k_{22}n_x^2 + k_{33}n_y^2 + k_{33}n_z^2)\frac{\partial^2 n_y}{\partial z^2} \\
& + (k_{33} - k_{22})n_x n_z \frac{\partial^2 n_x}{\partial y \partial z} - k_{11}\frac{\partial^2 n_y}{\partial y^2} + (k_{22}n_x^2 + k_{33}n_y^2 + k_{33}n_z^2 - k_{11})\frac{\partial^2 n_z}{\partial y \partial z} \\
& + (k_{33} - k_{22})n_y n_z \frac{\partial^2 n_x}{\partial x \partial z} + 2(k_{22} - k_{33})n_x n_z \frac{\partial^2 n_y}{\partial x \partial z} + (k_{33} - k_{22})n_x n_y \frac{\partial^2 n_z}{\partial x \partial z} \\
& + (k_{33}n_x^2 + k_{33}n_y^2 + k_{22}n_z^2 - k_{11})\frac{\partial^2 n_x}{\partial x \partial y} + (k_{33} - k_{22})n_x n_z \frac{\partial^2 n_z}{\partial x \partial y} \\
& - (k_{33}n_x^2 + k_{33}n_y^2 + k_{22}n_z^2)\frac{\partial^2 n_y}{\partial x^2} + (k_{22} - k_{33})n_y n_z \frac{\partial^2 n_z}{\partial x^2} \qquad (3-71)
\end{aligned}$$

计算 n_z 时，取 $l = z$，展开式(3-8)得到的表达式中，低阶导项为

$$\begin{aligned}
[f_0]_{n_z} = & (k_{22} - k_{33})n_y \frac{\partial n_x}{\partial y}\frac{\partial n_z}{\partial x} + 2k_{33}n_y \frac{\partial n_y}{\partial z}\frac{\partial n_y}{\partial y} + 2(k_{33} - k_{22})n_y \frac{\partial n_x}{\partial z}\frac{\partial n_x}{\partial y} \\
& - 2k_{22}n_x \frac{\partial n_x}{\partial y}\frac{\partial n_z}{\partial y} - k_{33}n_z \left(\frac{\partial n_z}{\partial x}\right)^2 + (2k_{22} - k_{33})n_z \left(\frac{\partial n_x}{\partial y}\right)^2 - k_{33}n_z \left(\frac{\partial n_y}{\partial y}\right)^2 \\
& - \Delta\varepsilon n_z \left(\frac{\partial V}{\partial z}\right)^2 + (k_{22} - k_{33})n_x \frac{\partial n_z}{\partial y}\frac{\partial n_y}{\partial x} - 2k_{33}n_x \frac{\partial n_x}{\partial x}\frac{\partial n_z}{\partial x} - 2k_{22}n_y \frac{\partial n_y}{\partial x}\frac{\partial n_z}{\partial x}
\end{aligned}$$

49

$$+ 2(k_{33} - 2k_{22})n_x \frac{\partial n_x}{\partial y}\frac{\partial n_y}{\partial x} + (k_{33} - k_{22})n_y \frac{\partial n_y}{\partial z}\frac{\partial n_x}{\partial x} + (k_{22} - k_{33})n_y \frac{\partial n_z}{\partial y}\frac{\partial n_x}{\partial x}$$

$$+ (3k_{22} - k_{33})n_y \frac{\partial n_x}{\partial z}\frac{\partial n_y}{\partial x} + k_{33}n_z\left(\frac{\partial n_x}{\partial z}\right)^2 + k_{33}n_z\left(\frac{\partial n_y}{\partial z}\right)^2 - 2k_{33}n_y \frac{\partial n_y}{\partial y}\frac{\partial n_z}{\partial y}$$

$$- \Delta\varepsilon n_y \frac{\partial V}{\partial z}\frac{\partial V}{\partial y} + 2k_{33}n_x \frac{\partial n_x}{\partial z}\frac{\partial n_x}{\partial x} + (3k_{22} - k_{33})n_x \frac{\partial n_x}{\partial z}\frac{\partial n_y}{\partial y} + \Delta\varepsilon n_x \frac{\partial V}{\partial z}\frac{\partial V}{\partial x}$$

$$+ (k_{22} - k_{33})n_x \frac{\partial n_y}{\partial y}\frac{\partial n_z}{\partial x} + (k_{33} - k_{22})n_x \frac{\partial n_x}{\partial z}\frac{\partial n_y}{\partial y} + 2(k_{33} - k_{22})n_x \frac{\partial n_y}{\partial z}\frac{\partial n_y}{\partial x}$$

$$+ (2k_{22} - k_{33})n_z\left(\frac{\partial n_y}{\partial x}\right)^2 \tag{3-72}$$

高阶导项为

$$\sum f_{ijk}\frac{\partial^2 n_i}{\partial j\partial k} = (k_{33} - k_{22})n_xn_y \frac{\partial^2 n_x}{\partial y\partial z} + (k_{22}n_x^2 + k_{33}n_y^2 + k_{33}n_z^2 - k_{11})\frac{\partial^2 n_y}{\partial y\partial z}$$

$$+ (k_{33} - k_{22})n_yn_z \frac{\partial^2 n_x}{\partial x\partial y} + (k_{33} - k_{22})n_xn_z \frac{\partial^2 n_y}{\partial x\partial y} + 2(k_{22} - k_{33})n_xn_y \frac{\partial^2 n_z}{\partial x\partial y}$$

$$+ (k_{22} - k_{33})n_xn_z \frac{\partial^2 n_x}{\partial y^2} - k_{11}\frac{\partial^2 n_z}{\partial z^2} - (k_{22}n_x^2 + k_{33}n_y^2 + k_{33}n_z^2)\frac{\partial^2 n_z}{\partial y^2}$$

$$+ (k_{33}n_x^2 + k_{22}n_y^2 + k_{33}n_z^2 - k_{11})\frac{\partial^2 n_x}{\partial x\partial z} + (k_{33} - k_{22})n_xn_y \frac{\partial^2 n_y}{\partial x\partial z}$$

$$+ (k_{22} - k_{33})n_yn_z \frac{\partial^2 n_y}{\partial x^2} - (k_{33}n_x^2 + k_{22}n_y^2 + k_{33}n_z^2)\frac{\partial^2 n_z}{\partial x^2} \tag{3-73}$$

由式(3-22)可知，指向矢 $\boldsymbol{n}_l$ 可表示为各节点处指向矢的线性组合，系数为插值函数，这些插值函数是一次多项式。而式(3-68)~式(3-73)中，含有 $\boldsymbol{n}_l$ 对 x、y、z 的偏导，其中有一阶的和二阶的，直接把式(3-22)代入这些二阶导项会使它们都为零，这样会降低计算精度。有限元一般采用弱形式技术(Weak form Technique)来解决这个问题，它用分部积分来对二阶导做降阶处理。式(3-69)、式(3-71)和式(3-73)中各二阶导项都要单独来处理，这些项可分成两种形式，即式(3-67)中 j 与 k 是否相等，下面分别举例说明弱形式技术处理这两种形式的二阶导项的方法。首先处理来 $j=k$ 的情况，以式(3-69)中的第一项为例。式(3-69)中的各二阶导项都是在笛卡儿坐标系下定义的，需要把它们变换到自然坐标系下，类似于式(3-50)，可得式(3-69)的第一项中的二阶导的坐标变换结果为

$$\frac{\partial^2 n_y}{\partial z^2} = \frac{\partial}{\partial x}\left(\frac{\partial n_y}{\partial z}\right)$$

$$= \frac{1}{|\boldsymbol{J}|}\left[(y_{21}z_{31} - y_{31}z_{21})\frac{\partial}{\partial \xi}\left(\frac{\partial n_y}{\partial z}\right) + (x_{31}z_{21} - x_{21}z_{31})\frac{\partial}{\partial \eta}\left(\frac{\partial n_y}{\partial z}\right)\right.$$

$$+ (x_{21}y_{31} - x_{31}y_{21})\frac{\partial}{\partial \lambda}\left(\frac{\partial n_y}{\partial z}\right)\bigg] \qquad (3-74)$$

把式(3-69)的第一项代入式(3-28)得

$$b_i = -\int_\Omega \frac{1}{\gamma_1}(k_{22} - k_{33})n_x n_y \frac{\partial^2 n_y}{\partial z^2} W_i \mathrm{d}\Omega \qquad (3-75)$$

由于式(3-74)比较长,下面把它分成三项来代入式(3-75)进行计算。把式(3-74)中的第一项代入式(3-75),并结合式(3-36)得

$$-\int_0^1 \mathrm{d}\xi \int_0^{1-\xi}\mathrm{d}\eta \int_0^{1-\xi-\eta} \frac{1}{\gamma_1}(k_{22}-k_{33})n_x n_y (y_{21}z_{31}-y_{31}z_{21})\frac{\partial}{\partial \xi}\left(\frac{\partial n_y}{\partial z}\right)W_i \mathrm{d}\lambda$$

$$= -\frac{1}{\gamma_1}(k_{22}-k_{33})(y_{21}z_{31}-y_{31}z_{21})\int_0^1 \mathrm{d}\xi \int_0^{1-\xi}\mathrm{d}\eta \int_0^{1-\xi-\eta} n_x n_y \frac{\partial}{\partial \xi}\left(\frac{\partial n_y}{\partial z}\right)W_i \mathrm{d}\lambda$$

$$(3-76)$$

用分部积分法计算式(3-76)中的三重积分得

$$\int_0^1 \mathrm{d}\xi \int_0^{1-\xi}\mathrm{d}\eta \int_0^{1-\xi-\eta} n_x n_y \frac{\partial}{\partial \xi}\left(\frac{\partial n_y}{\partial z}\right)W_i \mathrm{d}\lambda$$

$$= \int_0^1 \left(\int_0^{1-\xi}\mathrm{d}\eta \int_0^{1-\xi-\eta} n_x n_y W_i \mathrm{d}\lambda\right)\mathrm{d}\left(\frac{\partial n_y}{\partial z}\right)$$

$$= \frac{\partial n_y}{\partial z}\int_0^{1-\xi}\mathrm{d}\eta \int_0^{1-\xi-\eta} n_x n_y W_i \mathrm{d}\lambda \bigg|_{\xi=0}^{\xi=1} - \int_0^1 \frac{\partial n_y}{\partial z}\left(\int_0^{1-\xi}\mathrm{d}\eta \int_0^{1-\xi-\eta} n_x n_y W_i \mathrm{d}\lambda\right)\mathrm{d}\xi$$

$$= \frac{\partial n_y}{\partial z}\int_0^{1-\xi}\mathrm{d}\eta \int_0^{1-\xi-\eta} n_x n_y W_i \mathrm{d}\lambda \bigg|_{\xi=0}^{\xi=1} + \int_0^1 \frac{\partial n_y}{\partial z}\mathrm{d}\xi \int_0^{1-\xi} n_x n_y W_i \bigg|_{\lambda=1-\xi-\eta}\mathrm{d}\eta$$

$$- \int_0^1 \frac{\partial n_y}{\partial z}\mathrm{d}\xi \int_0^{1-\xi}\mathrm{d}\eta \int_0^{1-\xi-\eta} \frac{\partial}{\partial \xi}(n_x n_y W_i)\mathrm{d}\lambda \qquad (3-77)$$

式(3-77)中用到了三重积分的分部积分法以及二重积分的微分公式[117]。类似地,把式(3-74)中另两项代入式(3-75),计算三重积分得

$$\int_0^1 \mathrm{d}\xi \int_0^{1-\xi}\mathrm{d}\eta \int_0^{1-\xi-\eta} n_x n_y \frac{\partial}{\partial \eta}\left(\frac{\partial n_y}{\partial z}\right)W_i \mathrm{d}\lambda$$

$$= \int_0^1 \mathrm{d}\eta \int_0^{1-\eta}\mathrm{d}\xi \int_0^{1-\xi-\eta} n_x n_y \frac{\partial}{\partial \eta}\left(\frac{\partial n_y}{\partial z}\right)W_i \mathrm{d}\lambda$$

$$= \frac{\partial n_y}{\partial z}\int_0^{1-\eta}\mathrm{d}\xi \int_0^{1-\xi-\eta} n_x n_y W_i \mathrm{d}\lambda \bigg|_{\eta=0}^{\eta=1} + \int_0^1 \frac{\partial n_y}{\partial z}\mathrm{d}\eta \int_0^{1-\eta} n_x n_y W_i \bigg|_{\lambda=1-\xi-\eta}\mathrm{d}\xi$$

$$(3-78)$$

$$-\int_0^1 \frac{\partial n_y}{\partial z}\mathrm{d}\eta \int_0^{1-\eta}\mathrm{d}\xi \int_0^{1-\xi-\eta} \frac{\partial}{\partial \eta}(n_x n_y W_i)\mathrm{d}\lambda$$

$$\int_0^1 \mathrm{d}\xi \int_0^{1-\xi}\mathrm{d}\eta \int_0^{1-\xi-\eta} n_x n_y \frac{\partial}{\partial \lambda}\left(\frac{\partial n_y}{\partial z}\right)W_i\mathrm{d}\lambda$$

$$=\int_0^1 \mathrm{d}\lambda \int_0^{1-\lambda}\mathrm{d}\xi \int_0^{1-\lambda-\xi} n_x n_y \frac{\partial}{\partial \lambda}\left(\frac{\partial n_y}{\partial z}\right)W_i\mathrm{d}\eta$$

$$=\frac{\partial n_y}{\partial z}\int_0^{1-\lambda}\mathrm{d}\xi \int_0^{1-\lambda-\xi} n_x n_y W_i \mathrm{d}\eta \bigg|_{\lambda=0}^{\lambda=1} + \int_0^1 \frac{\partial n_y}{\partial z}\mathrm{d}\lambda \int_0^{1-\lambda} n_x n_y W_i \bigg|_{\eta=1-\xi-\lambda} \mathrm{d}\xi$$

$$-\int_0^1 \frac{\partial n_y}{\partial z}\mathrm{d}\lambda \int_0^{1-\lambda}\mathrm{d}\xi \int_0^{1-\lambda-\xi} \frac{\partial}{\partial \lambda}(n_x n_y W_i)\mathrm{d}\eta \qquad (3-79)$$

结合式(3-74)以及式(3-77)~式(3-79),可以计算式(3-75)。这样就完成了一种二阶导的降阶处理,下面处理 $j \neq k$ 的情况,以式(3-69)的第八项为例。类似地,对式(3-69)的第8项中的二阶导作坐标变换得

$$\frac{\partial^2 n_z}{\partial x \partial y} = \frac{\partial}{\partial y}\left(\frac{\partial n_z}{\partial x}\right)$$

$$=\frac{1}{|\boldsymbol{J}|}\bigg[(y_{41}z_{21}-y_{21}z_{41})\frac{\partial}{\partial \xi}\left(\frac{\partial n_z}{\partial x}\right)+(x_{21}z_{41}-x_{41}z_{21})\frac{\partial}{\partial \eta}\left(\frac{\partial n_z}{\partial x}\right)$$

$$+(x_{41}y_{21}-x_{21}y_{41})\frac{\partial}{\partial \lambda}\left(\frac{\partial n_z}{\partial x}\right)\bigg] \qquad (3-80)$$

把式(3-69)的第8项代入式(3-28)得

$$b_i = -\int_\Omega \frac{1}{\gamma_1}(k_{33}-k_{22})n_y n_z \frac{\partial^2 n_z}{\partial x \partial y} W_i \mathrm{d}\Omega \qquad (3-81)$$

把式(3-80)分成三项,依次代入式(3-81)进行计算。把式(3-80)中的第一项代入式(3-81),并结合式(3-36)得

$$-\int_0^1 \mathrm{d}\xi \int_0^{1-\xi}\mathrm{d}\eta \int_0^{1-\xi-\eta} \frac{1}{\gamma_1}(k_{33}-k_{22})n_y n_z (y_{41}z_{21}-y_{21}z_{41})\frac{\partial}{\partial \xi}\left(\frac{\partial n_z}{\partial x}\right)W_i \mathrm{d}\lambda$$

$$=-\frac{1}{\gamma_1}(k_{33}-k_{22})(y_{41}z_{21}-y_{21}z_{41})\int_0^1 \mathrm{d}\xi \int_0^{1-\xi}\mathrm{d}\eta \int_0^{1-\xi-\eta} n_y n_z \frac{\partial}{\partial \xi}\left(\frac{\partial n_z}{\partial x}\right)W_i \mathrm{d}\lambda$$

$$(3-82)$$

用分部积分法计算式(3-82)中的三重积分得

$$\int_0^1 \mathrm{d}\xi \int_0^{1-\xi}\mathrm{d}\eta \int_0^{1-\xi-\eta} n_y n_z \frac{\partial}{\partial \xi}\left(\frac{\partial n_z}{\partial x}\right)W_i \mathrm{d}\lambda$$

$$=\int_0^1 \left(\int_0^{1-\xi}\mathrm{d}\eta \int_0^{1-\xi-\eta} n_y n_z W_i \mathrm{d}\lambda\right)\mathrm{d}\left(\frac{\partial n_z}{\partial x}\right)$$

$$= \frac{\partial n_z}{\partial x}\int_0^{1-\xi}\mathrm{d}\eta\int_0^{1-\xi-\eta} n_y n_z W_i \mathrm{d}\lambda \Big|_{\xi=0}^{\xi=1} - \int_0^1 \frac{\partial n_z}{\partial x}\left(\int_0^{1-\xi}\mathrm{d}\eta\int_0^{1-\xi-\eta} n_y n_z W_i \mathrm{d}\lambda\right)\mathrm{d}\xi$$

$$= \frac{\partial n_z}{\partial x}\int_0^{1-\xi}\mathrm{d}\eta\int_0^{1-\xi-\eta} n_y n_z W_i \mathrm{d}\lambda \Big|_{\xi=0}^{\xi=1} + \int_0^1 \frac{\partial n_z}{\partial x}\mathrm{d}\xi\int_0^{1-\xi} n_y n_z W_i \Big|_{\lambda=1-\xi-\eta}\mathrm{d}\eta$$

$$- \int_0^1 \frac{\partial n_z}{\partial x}\mathrm{d}\xi\int_0^{1-\xi}\mathrm{d}\eta\int_0^{1-\xi-\eta}\frac{\partial}{\partial\xi}(n_y n_z W_i)\mathrm{d}\lambda \qquad (3-83)$$

类似地,把式(3-80)中另两项代入式(3-81),计算三重积分得

$$\int_0^1 \mathrm{d}\xi \int_0^{1-\xi}\mathrm{d}\eta\int_0^{1-\xi-\eta} n_y n_z \frac{\partial}{\partial\eta}\left(\frac{\partial n_z}{\partial x}\right) W_i \mathrm{d}\lambda$$

$$= \int_0^1 \mathrm{d}\eta \int_0^{1-\eta}\mathrm{d}\xi\int_0^{1-\xi-\eta} n_y n_z \frac{\partial}{\partial\eta}\left(\frac{\partial n_z}{\partial x}\right) W_i \mathrm{d}\lambda$$

$$= \frac{\partial n_z}{\partial x}\int_0^{1-\eta}\mathrm{d}\xi\int_0^{1-\xi-\eta} n_y n_z W_i \mathrm{d}\lambda\Big|_{\eta=0}^{\eta=1} + \int_0^1 \frac{\partial n_z}{\partial x}\mathrm{d}\eta\int_0^{1-\eta} n_y n_z W_i \Big|_{\lambda=1-\xi-\eta}\mathrm{d}\xi$$

$$(3-84)$$

$$- \int_0^1 \frac{\partial n_z}{\partial x}\mathrm{d}\eta\int_0^{1-\eta}\mathrm{d}\xi\int_0^{1-\xi-\eta}\frac{\partial}{\partial\eta}(n_y n_z W_i)\mathrm{d}\lambda$$

$$\int_0^1 \mathrm{d}\xi \int_0^{1-\xi}\mathrm{d}\eta\int_0^{1-\xi-\eta} n_y n_z \frac{\partial}{\partial\lambda}\left(\frac{\partial n_z}{\partial x}\right) W_i \mathrm{d}\lambda$$

$$= \int_0^1 \mathrm{d}\lambda \int_0^{1-\lambda}\mathrm{d}\xi\int_0^{1-\lambda-\xi} n_y n_z \frac{\partial}{\partial\lambda}\left(\frac{\partial n_z}{\partial x}\right) W_i \mathrm{d}\eta$$

$$= \frac{\partial n_z}{\partial x}\int_0^{1-\lambda}\mathrm{d}\xi\int_0^{1-\lambda-\xi} n_y n_z W_i \mathrm{d}\eta\Big|_{\lambda=0}^{\lambda=1} + \int_0^1 \frac{\partial n_z}{\partial x}\mathrm{d}\lambda\int_0^{1-\lambda} n_y n_z W_i \Big|_{\eta=1-\lambda-\xi}\mathrm{d}\xi$$

$$- \int_0^1 \frac{\partial n_z}{\partial x}\mathrm{d}\lambda\int_0^{1-\lambda}\mathrm{d}\xi\int_0^{1-\lambda-\xi}\frac{\partial}{\partial\lambda}(n_y n_z W_i)\mathrm{d}\eta \qquad (3-85)$$

结合式(3-83)~式(3-85),以及式(3-80),可以计算式(3-81)。

这样就完成了两种形式的二阶导的降阶处理,其他二阶导项都可以做类似处理。依次处理式(3-69)、式(3-71)和式(3-73)中各二阶导项,并把式(3-68)、式(3-70)和式(3-72)代入对应的单元向量 $\boldsymbol{b}_i$,得到的 $\boldsymbol{b}_i$ 将都只含一阶导,用式(3-22)中的 $\widetilde{\boldsymbol{n}}_l$ 代替 $\boldsymbol{n}_l$,即可求出 $\boldsymbol{b}_i$。

单元矩阵 $\boldsymbol{A}$ 和 $\boldsymbol{B}$,以及单元向量 $\boldsymbol{b}$ 的最终表达式的都需要做三重积分运算,这个过程比较繁琐,可以借助 Mathematica 或 Maple 等软件来完成,它们都有强大的符号计算功能,可以很方便地得到最终表达式。

以上求得的单元矩阵 $\boldsymbol{A}$ 和 $\boldsymbol{B}$ 以及向量 $\boldsymbol{b}$ 都是在一个单元内的结果,为了求

解整个系统的指向矢和电势，需要把各单元的矩阵和向量整合起来，得到系统的总体矩阵和向量。

3.1.5 总体矩阵与向量

单元矩阵和向量都局限在一个单元内，要根据各有限单元的连接信息把这些矩阵和向量整合起来，得到整个区域的矩阵和向量，这一过程称为整合过程（assembly process）。单元系数的矩阵维数等于单元的节点个数，而整合后的总体系数矩阵的维数等于整个区域中的节点数，如四面体单元的系数矩阵是 4×4 的。

下面以图 3-5 所示的区域为例来说明整合过程，该区域被离散为 3 个四面体，这些单元中总节点数为 6，故总体矩阵的维数是 6×6 的，总体向量是 6×1 的。图 3-5 中标注了节点编号，在区域外带圈的编号是各节点在整个区域中的编号，每个四面体有限单元内的编号是各单元内部的编号。可以发现，各单元之间有共用节点的情况，所以总的节点数不是各单元节点数的和。图 3-5 中各单元的连接信息如表 3-1 所列，它给出了各单元内节点编号与整个区域中节点编号的关系，可用二维数组 ELMNOD 表示，如 ELMNOD(e,i) 表示第 e 个单元内第 i 个节点在整个区域节点中的编号，如 ELMNOD(1,2) = 6。

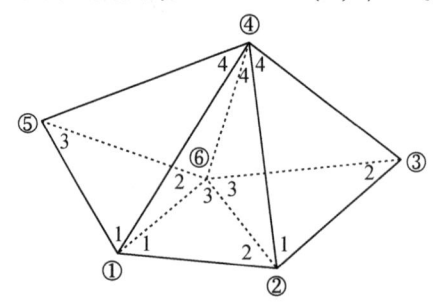

图 3-5 整合过程示例

表 3-1 各有限单元的连接信息

单元编号 \ 单元内编号	1	2	3	4
1	1	6	5	4
2	1	2	6	4
3	2	3	6	4

记总体矩阵和向量分别为 A 和 b，维数分别为 6×6 和 6×1，单元矩阵和向量分别为 A_e 和 b_e，维数分别为 4×4 和 4×1。把矩阵 A 中所有元素都初始化为 0，整合过程可根据以下算法完成[59]：

```
%  遍历区域内各单元
for e = 1:3
    %  计算单元 e 的单元矩阵 Ae
    ...
    Ae = ...
    ...
    for I = 1:4 %  遍历单元内各节点(第一个循环)
        for J = 1:4 %  遍历单元内各节点(第二个循环)
            A(ELMNOD(e,I),ELMNOD(e,J)) = ...
                A(ELMNOD(e,I),ELMNOD(e,J)) + Ae(I,J);
        end
    end
end
```

这个算法会遍历区域内的每个单元,并用各单元的单元矩阵 A_e 和向量 b_e 更新总体矩阵 A 和总体向量 b。根据表 3 – 1 中的连接信息 ELMNOD(1,1) = 1、ELMNOD(1,2) = 6,故单元 1 中的元素 $A_{12}^{(1)}$ 被映射到总体矩阵中的 A_{16} 处,按照上面的算法,依次处理各元素,第一个单元内的单元矩阵整合完成后,矩阵 A 变为

$$A = \begin{bmatrix} A_{11}^{(1)} & 0 & 0 & A_{14}^{(1)} & A_{13}^{(1)} & A_{12}^{(1)} \\ 0 & 0 & 0 & 0 & 0 & 0 \\ 0 & 0 & 0 & 0 & 0 & 0 \\ A_{41}^{(1)} & 0 & 0 & A_{44}^{(1)} & A_{43}^{(1)} & A_{42}^{(1)} \\ A_{31}^{(1)} & 0 & 0 & A_{34}^{(1)} & A_{33}^{(1)} & A_{32}^{(1)} \\ A_{21}^{(1)} & 0 & 0 & A_{24}^{(1)} & A_{23}^{(1)} & A_{22}^{(1)} \end{bmatrix} \tag{3-86}$$

第二次整合时,把第二个单元内的各元素映射到总体矩阵中,并加到式(3 – 86)中,结果为

$$A = \begin{bmatrix} A_{11}^{(1)} + A_{11}^{(2)} & 0 & 0 & A_{14}^{(1)} + A_{14}^{(2)} & A_{13}^{(1)} & A_{12}^{(1)} + A_{13}^{(2)} \\ A_{21}^{(2)} & A_{22}^{(2)} & 0 & A_{24}^{(2)} & 0 & A_{23}^{(2)} \\ 0 & 0 & 0 & 0 & 0 & 0 \\ A_{41}^{(1)} + A_{41}^{(2)} & A_{42}^{(2)} & 0 & A_{44}^{(1)} + A_{44}^{(2)} & A_{43}^{(1)} & A_{42}^{(1)} + A_{43}^{(2)} \\ A_{31}^{(1)} & 0 & 0 & A_{34}^{(1)} & A_{33}^{(1)} & A_{32}^{(1)} \\ A_{21}^{(1)} + A_{31}^{(2)} & A_{32}^{(2)} & 0 & A_{24}^{(1)} + A_{34}^{(2)} & A_{23}^{(1)} & A_{22}^{(1)} + A_{33}^{(2)} \end{bmatrix} \tag{3-87}$$

可以发现,式(3 – 87)中矩阵 A 的第一、四和六行,第一、四、六列中的元素是两个单元元素的和,这与图 3 – 5 中单元 1 和单元 2 的公共节点相符。完成第三个单元的整合后,结果为

$$A = \begin{bmatrix} A_{11}^{(1)}+A_{11}^{(2)} & A_{12}^{(2)} & 0 & A_{14}^{(1)}+A_{14}^{(2)} & A_{13}^{(1)} & A_{12}^{(1)}+A_{13}^{(2)} \\ A_{21}^{(2)} & A_{22}^{(2)}+A_{11}^{(3)} & A_{12}^{(3)} & A_{24}^{(2)}+A_{14}^{(3)} & 0 & A_{23}^{(2)}+A_{13}^{(3)} \\ 0 & A_{21}^{(3)} & A_{22}^{(3)} & A_{24}^{(3)} & 0 & A_{23}^{(3)} \\ A_{41}^{(1)}+A_{41}^{(2)} & A_{42}^{(2)}+A_{41}^{(3)} & A_{42}^{(3)} & A_{44}^{(1)}+A_{44}^{(2)}+A_{44}^{(3)} & A_{43}^{(1)} & A_{42}^{(1)}+A_{43}^{(2)}+A_{43}^{(3)} \\ A_{31}^{(1)} & 0 & 0 & A_{34}^{(1)} & A_{33}^{(1)} & A_{32}^{(1)} \\ A_{21}^{(1)}+A_{31}^{(2)} & A_{32}^{(2)}+A_{31}^{(3)} & A_{32}^{(3)} & A_{24}^{(1)}+A_{34}^{(2)}+A_{34}^{(3)} & A_{23}^{(1)} & A_{22}^{(1)}+A_{33}^{(2)}+A_{33}^{(3)} \end{bmatrix}$$

(3-88)

式(3-88)中有的元素是两个单元对应元素的和,有的是3个单元的元素的和,这也与图3-5中各四面体的连接信息相关,如第四和第六行、第四和第六列的元素为3个单元中元素的和,这与图3-5中节点4和6为3个四面体单元共有相一致,第三和第五行、第三和第五列只对应一个单元的元素,这也与图3-5中节点3和5没有被其他四面体共有相符。

与总体矩阵的整合类似,由单元向量到总体向量的整合可通过以下算法实现[59]:

```
% 遍历区域内各单元
for e = 1:3
    % 计算单元 e 的单元向量 be
    ...
    be = ...
    ...
    for I = 1:4 % 遍历单元内各节点
        b(ELMNOD(e,I)) = bx(ELMNOD(e,I)) + be(I);
    end
end
```

与前面算法不同的是,这个算法少了一层内部循环,这是因为单元向量是一维的,而单元矩阵是二维的。同样,把总体向量每个元素初始化为0,向量为6×1的,然后用各单元的单元向量对它进行更新。按照上面的算法,整合完成后,总体向量为

$$b = \begin{pmatrix} b_1^{(1)}+b_1^{(2)} \\ b_2^{(2)}+b_1^{(3)} \\ b_2^{(3)} \\ b_4^{(1)}+b_4^{(2)}+b_4^{(3)} \\ b_3^{(1)} \\ b_2^{(1)}+b_3^{(2)}+b_3^{(3)} \end{pmatrix}$$

(3-89)

从式(3-89)可以发现与前面类似的规律,总体向量 **b** 中第一和第二行包含两个单元向量元素的,第三和第五行为一个单元向量元素,第四和第六行为3个单元向量元素的和,这与各有限单元节点的连接信息相关,即这些节点为几个四面体所共有。

整合过程要用到各有限单元的连接信息,这些信息由区域的离散化方式所决定。为了建立各节点的连接信息,需要对系统中四面体进行编号,对各四面体中的4个节点进行编号,并对系统中所有的节点作一个整体编号,最后给出连接信息,即二维数组 ELMNOD,ELMNOD(e,i)表示第 e 个四面体中第 i 个节点在系统节点中的编号。在前面的离散化中,对于规则的液晶盒,把它离散成一个个的长方体,并把每个长方体分割成5个四面体。

为了描述节点连接信息的建立过程,首先把三维区域用长方体进行离散,并给每个节点按顺序编号,如图3-6用长方体离散三维区域所示。把每个长方体分成5个四面体,并给它们编号,如图3-7用四面体离散每个长方体所示。编号为1的单元是以节点 A 为顶点的四面体,即四面体 $DABE$,4 个节点 D、A、B、E 的内部编号分别为 1、2、3、4。2 号单元是四面体 $DBCG$,4 个节点 D、B、C、G 在内部的编号分别为 1、2、3、4。3 号单元是中心处的四面体,即四面体 $DBGE$,4 号单元是四面体 $DEGH$,5 号单元是四面体 $EBGF$,内部编号同前两个单元。注意,前面的章节曾提到过,四面体4个节点的内部编号是按逆时针方向进行的。每个长方体都按这样的方式处理,类似于整个离散区域节点的编号方法,给长方体内

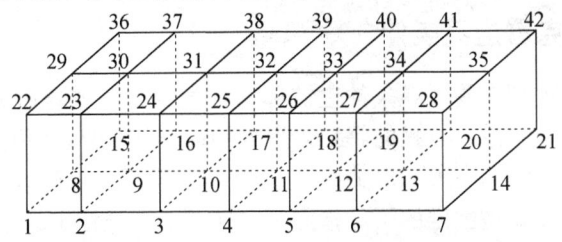

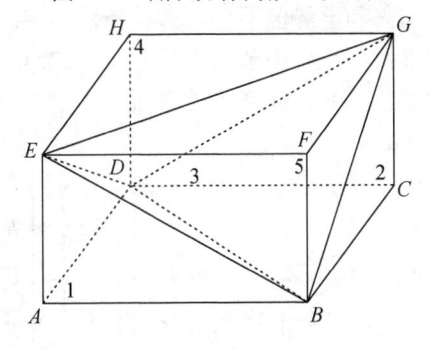

图 3-6 用长方体离散三维区域

图 3-7 用四面体离散每个长方体

5个四面体编号,之后在这个编号的基础上,处理下一个长方体内的四面体。这样,可以得到连接信息,即 ELMNOD 数组,如 ELMNOD(13,3) = 9、ELMNOD(19,1) = 28。

对于不规则的液晶盒,各单元的排列就不会像上面描述的这样有规律,可以借助 Matlab 中的 delaunay( )函数,它不仅可以完成三维区域的四面体剖分,还会给出连接信息,若节点个数为 N,则给定 N 个节点的空间坐标,该函数返回一个 $N \times 4$ 的矩阵,每一行给出四面体单元内 4 个节点在系统节点中的编号。需要注意的是,四面体内部 4 个节点可能不是按逆时针方向来编号的。

结合这些连接信息,按照上面的算法就可以完成整合过程,得到总体矩阵和向量。

3.2 边界条件

液晶微透镜的建模可以简化为一个关于液晶盒的边值问题,即建立系统中各物理量的关系,由边界条件,求系统中的物理量。所以,得到了系统的总体矩阵和向量之后,还需要考虑边界条件,使之满足这样条件。在液晶微透镜的仿真中,边界条件有数学上的狄利克雷边界条件(Dirichlet boundary condition)与诺伊曼边界条件(Neumann boundary condition),还有液晶器件特有的周期性边界条件。

3.2.1 狄利克雷边界条件

在数学中,狄利克雷边界条件也被称为常微分方程或偏微分方程的第一类边界条件,它指定了微分方程的解在边界处的值,即边界处的值是给定的。在液晶盒中,极板附近的指向矢和电势满足这个边界条件。电势值已知是因为在极板加电后,这个值就是固定的了。指向矢已知是由于强锚定的作用,它会一直保持最初的预倾角不变。要应用狄利克雷边界条件,需要对总体矩阵与向量做修正,使方程的解,即指向矢和电势值不会与边界条件冲突。

由于总体矩阵的维数与系统中节点个数有关,设节点个数为 N,则矩阵大小为 $N \times N$,总体向量大小为 $N \times 1$,即系统共有 N 个线性方程组,每个方程含有 N 个未知量。矩阵系统 $AX = b$ 可写为

$$\begin{bmatrix} A_{11} & A_{12} & A_{13} & \cdots & A_{1N} \\ A_{21} & A_{22} & A_{23} & \cdots & A_{2N} \\ A_{31} & A_{32} & A_{33} & \cdots & A_{3N} \\ \vdots & \vdots & \vdots & \ddots & \vdots \\ A_{N1} & A_{N2} & A_{N3} & \cdots & A_{NN} \end{bmatrix} \begin{pmatrix} X_1 \\ X_2 \\ X_3 \\ \vdots \\ X_N \end{pmatrix} = \begin{pmatrix} b_1 \\ b_2 \\ b_3 \\ \vdots \\ b_N \end{pmatrix} \quad (3-90)$$

把式(3-90)写成 N 个线性方程组,得

$$\begin{cases} A_{11}X_1 + A_{12}X_2 + A_{13}X_3 + \cdots + A_{1N}X_N = b_1 \\ A_{21}X_1 + A_{22}X_2 + A_{23}X_3 + \cdots + A_{2N}X_N = b_2 \\ A_{31}X_1 + A_{32}X_2 + A_{33}X_3 + \cdots + A_{3N}X_N = b_3 \\ \quad\vdots \\ A_{N1}X_1 + A_{N2}X_2 + A_{N3}X_3 + \cdots + A_{NN}X_N = b_N \end{cases} \quad (3-91)$$

若某个节点满足狄利克雷边界条件,则该节点的值就是已知的,未知量的个数就减少一个,对应地也要去掉一个方程。以第2个节点为例,设 $X_2 = X_0$,为了应用这一条件,要去掉式(3-91)中的第二个方程。把 $X_2 = X_0$ 代入式(3-91)中剩下的 $N-1$ 个方程,得

$$\begin{cases} A_{11}X_1 + A_{12}X_0 + A_{13}X_3 + \cdots + A_{1N}X_N = b_1 \\ A_{31}X_1 + A_{32}X_0 + A_{33}X_3 + \cdots + A_{3N}X_N = b_3 \\ \quad\vdots \\ A_{N1}X_1 + A_{N2}X_0 + A_{N3}X_3 + \cdots + A_{NN}X_N = b_N \end{cases} \quad (3-92)$$

把式(3-92)中的常数项移到右边,得

$$\begin{cases} A_{11}X_1 + A_{13}X_3 + \cdots + A_{1N}X_N = b_1 - A_{12}X_0 \\ A_{31}X_1 + A_{33}X_3 + \cdots + A_{3N}X_N = b_3 - A_{32}X_0 \\ \quad\vdots \\ A_{N1}X_1 + A_{N3}X_3 + \cdots + A_{NN}X_N = b_N - A_{N2}X_0 \end{cases} \quad (3-93)$$

式(3-93)与式(3-91)相比,方程数和未知量都少了一个。若系统中有 M 个节点满足狄利克雷边界条件,则最终的线性方程数和未知量将减少到 $N-M$ 个。把式(3-93)写成矩阵形式,得

$$\begin{bmatrix} A_{11} & A_{13} & \cdots & A_{1N} \\ A_{31} & A_{33} & \cdots & A_{3N} \\ \vdots & \vdots & \ddots & \vdots \\ A_{N1} & A_{N3} & \cdots & A_{NN} \end{bmatrix} \begin{pmatrix} X_1 \\ X_3 \\ \vdots \\ X_N \end{pmatrix} = \begin{pmatrix} b_1 - A_{12}X_0 \\ b_3 - A_{32}X_0 \\ \vdots \\ b_N - A_{N2}X_0 \end{pmatrix} \quad (3-94)$$

与式(3-90)相比,式(3-94)中矩阵 A、向量 X 和 b 都少了第二行。另外,矩阵 A 还少了第二列,这是应用了第二个节点的狄利克雷边界条件的结果。右边向量的元素按式(3-95)更新,即

$$b_i = b_i - A_{i2}X_0 \quad i = 1,3,4,\cdots,N \quad (3-95)$$

删除矩阵的行和列会降低仿真程序的效率,系统内部会重新创建一个矩阵,或者

在原来矩阵的基础上,重排其他的行和列,也就是说把要删除的行和列移到最后面。对后者,一个解决方法是,在对系统中的节点进行编号时,把满足狄利克雷边界条件的节点放到最后面[59]。采用一个更好的方法,它能避免矩阵大小的改变,把节点 2 的边界条件 $X_2 = X_0$ 看作一个方程加到式(3-93)中,得

$$\begin{cases} A_{11}X_1 + A_{13}X_3 + \cdots + A_{1N}X_N = b_1 - A_{12}X_0 \\ U_2 = X_0 \\ A_{31}X_1 + A_{33}X_3 + \cdots + A_{3N}X_N = b_3 - A_{32}X_0 \\ \vdots \\ A_{N1}X_1 + A_{N3}X_3 + \cdots + A_{NN}X_N = b_N - A_{N2}X_0 \end{cases} \quad (3-96)$$

把式(3-96)写成矩阵的形式得

$$\begin{bmatrix} A_{11} & 0 & A_{13} & \cdots & A_{1N} \\ 0 & 1 & 0 & \cdots & 0 \\ A_{31} & 0 & A_{33} & \cdots & A_{3N} \\ \vdots & 0 & \vdots & \ddots & \vdots \\ A_{N1} & 0 & A_{N3} & \cdots & A_{NN} \end{bmatrix} \begin{pmatrix} X_1 \\ X_2 \\ X_3 \\ \vdots \\ X_N \end{pmatrix} = \begin{pmatrix} b_1 - A_{12}X_0 \\ U_0 \\ b_3 - A_{32}X_0 \\ \vdots \\ b_N - A_{N2}X_0 \end{pmatrix} \quad (3-97)$$

与式(3-90)相比,只需要按式(3-95)更新向量,并把矩阵 $\boldsymbol{A}$ 中第二行和第二列的元素设为 0,$A_{22} = 1$,向量 $\boldsymbol{b}$ 中第二个元素设为 X_0 即可,而不需要删除行和列。

由上面的例子可以总结出一般情况,若节点 n 满足狄利克雷边界条件,设 $X_n = X_0$,则应该把矩阵 $\boldsymbol{A}$ 的第 n 行和第 n 列中的元素设为 0,$A_{nn} = 1$,矢量 $\boldsymbol{b}$ 按式(3-98)更新,即

$$b_i = b_i - A_{in}X_0 \quad i = 1, 2, \cdots, N \quad (3-98)$$

最后,把 b_n 改为 X_0。对每个满足条件的节点都按上面的方法更新矩阵和向量,即可完成狄利克雷边界条件的处理。

3.2.2 诺伊曼边界条件

在数学中,诺伊曼边界条件也称为常微分方程或偏微分方程的第二类边界条件,它指定了微分方程的解在边界处的微分值。由于液晶器件在制作时都会用到强锚定技术,极板附近液晶的指向矢可以认为是固定的,显然也满足诺伊曼边界条件,即在液晶盒的顶部和底部有

$$\frac{\partial n_l}{\partial i} = 0 \quad i、j \in x、y、z \quad (3-99)$$

涉及式(3-99)中的边界条件的单元有图 3-7 中的单元 1、单元 2、单元 4 和单元 5。把图 3-7 中的这些单元变换到自然坐标系下,对四面体 $DABE$,就是把 D、A、

B、E 4 个顶点变换到图 3-8 所示的 O、A、B、C 这 4 个顶点处，四面体 $DABE$ 中的底面被变换到自然坐标系的 $\xi\eta$ 平面，则 $\lambda=0$ 时，该单元满足式(3-99)。同理，图 3-7 中的四面体 $DBCG$ 在、$DEGH$ 和 $BFGE$ 在坐标变换时也满足式(3-99)。

前面的章节中用弱形式技术对二阶导做降阶处理，把一个二阶导项转化成多个一阶导项的和，原来的二阶导项为零，做一些数学计算后，结果应该还是等于零。由于液晶盒顶部和底部的指向矢满足式(3-99)，这些一阶导项中有的项为零，使整体结果不为零。如式(3-79)中的第一项为

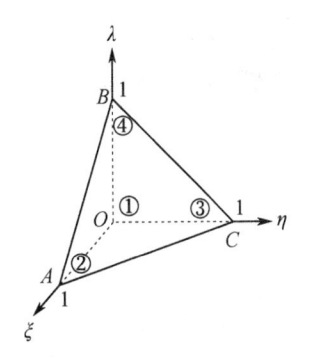

图 3-8 坐标变换后的四面体单元

$$\frac{\partial n_y}{\partial z}\int_0^{1-\lambda}\mathrm{d}\xi\int_0^{1-\lambda-\xi}n_xn_yW_i\mathrm{d}\eta\bigg|_{\lambda=0}^{\lambda=1} \tag{3-100}$$

对那些与下极板共面的四面体，平面 $\lambda=0$ 上的节点满足诺伊曼边界条件，即式(3-99)，则式(3-100)可以化简为

$$\begin{aligned}&\frac{\partial n_y}{\partial z}\int_0^{1-\lambda}\mathrm{d}\xi\int_0^{1-\lambda-\xi}n_xn_yW_i\mathrm{d}\eta\bigg|_{\lambda=0}^{\lambda=1}\\&=\frac{\partial n_y}{\partial z}\int_0^{1-\lambda}\mathrm{d}\xi\int_0^{1-\lambda-\xi}n_xn_yW_i\mathrm{d}\eta\bigg|_{\lambda=1}-\frac{\partial n_y}{\partial z}\int_0^{1-\lambda}\mathrm{d}\xi\int_0^{1-\lambda-\xi}n_xn_yW_i\mathrm{d}\eta\bigg|_{\lambda=0}\\&=0\end{aligned} \tag{3-101}$$

对用弱形式技术处理过的满足式(3-99)的项都按式(3-101)化简，即可完成诺伊曼边界条件的处理。虽然电势在极板附近也满足诺伊曼边界条件，但电势没有类似于式(3-100)的项，且单元矩阵和向量都是在空间积分得到的，一个面上电势的偏导数为零对空间积分是没有意义的，故建模中不使用电势的诺伊曼边界条件。

3.2.3 周期性边界条件

液晶的仿真还涉及周期性边界条件，因为液晶器件一般会做成阵列结构，如液晶显示器等。在液晶微透镜器件中，有的只是一个单独的器件，但可以认为它周围有周期性排列的阵列，这样，就可以应用周期性边界条件了。如图 3-9 所示，假想单元 5 周围有阵列结构，周期性边界条件认为，阵列中的每个单元结构的物理性质都是相同的，单元 5 与单元 6 内部各物理量都相同，包括边界上的物理量，故可以认为单元 5 左右两侧的指向矢和电势相等，上侧与下侧类似。为了使器件满足周期性边界条件，极板的图案要与器件的四周保持一定的距离，使电极图案对四周边界处的影响相当。如图 3-10 所示，可以认为图 3-10(a)满足

周期性边界条件,而图3-10(b)不满足,因为图3-10(b)中的图案电极对上侧和下侧,左侧和右侧区域的作用相差很大。

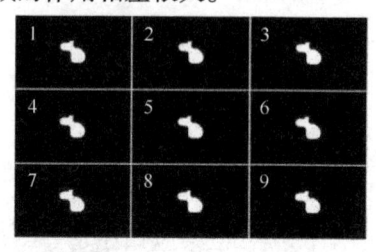

图3-9 周期性边界条件

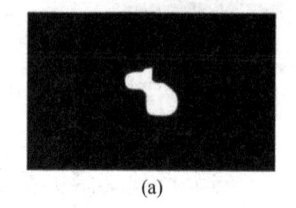

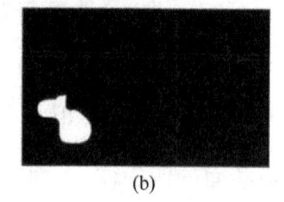

图3-10 周期性边界条件的基本要求

若液晶盒上下面为极板,则前后两侧、左右两侧对应位置的各物理量应该相等,以图3-6为例,由周期性边界条件可得$f(3)=f(17)$、$f(29)=f(35)$等。要应用周期性边界条件,可以通过更新总体矩阵系统$AX=b$中的总体矩阵A和向量b来实现。若有限单元中只有一个节点位于边界上,相隔一个周期的对应点为i',更新前矩阵系统为

$$\begin{bmatrix} \vdots & \vdots & \vdots & \vdots & \vdots \\ \cdots & A_{i'i'} & \cdots & A_{i'i} & \cdots \\ \vdots & \vdots & \ddots & \vdots & \vdots \\ \cdots & A_{ii'} & \cdots & A_{ii} & \cdots \\ \vdots & \vdots & \vdots & \vdots & \vdots \end{bmatrix} \begin{pmatrix} \vdots \\ X_{i'} \\ \vdots \\ X_i \\ \vdots \end{pmatrix} = \begin{pmatrix} \vdots \\ b_{i'} \\ \vdots \\ b_i \\ \vdots \end{pmatrix} \qquad (3-102)$$

更新方法为,把A中的第i行加到第i'行,然后把第i列加到第i'列,b中第i行加到第i'行,并令A中第i行和第i列元素为0,对角线元素为1,b中第i行为0。更新式(3-102)得

$$\begin{bmatrix} \vdots & \vdots & \vdots & \vdots & \vdots \\ \cdots & A_{i'i'}+A_{i'i}+A_{ii'}+A_{ii} & \cdots & 0 & \cdots \\ \vdots & \vdots & \ddots & \vdots & \vdots \\ \cdots & 0 & \cdots & 1 & \cdots \\ \vdots & \vdots & \vdots & \vdots & \vdots \end{bmatrix} \begin{pmatrix} \vdots \\ X_{i'} \\ \vdots \\ X_i \\ \vdots \end{pmatrix} = \begin{pmatrix} \vdots \\ b_{i'}+b_i \\ \vdots \\ 0 \\ \vdots \end{pmatrix} \qquad (3-103)$$

求解式(3-103),得到矩阵系统的解后,即可根据周期性边界条件得到$X_i=X_{i'}$。

由于处理的液晶盒比较规则,前后侧面满足周期性边界条件的是图 3-5 中的单元 1 和单元 5,左右两侧是单元 2 和单元 5,每个单元都有 3 个节点位于边界上。假设节点 i、j 和 k 位于边界上,与其相隔一个周期间隔的点分别为 i'、j' 和 k',依次按上面的方法处理这 3 个节点即可。另外,从图 3-7 中可以看出单元 2 和单元 5 有两个节点重合,即节点 B 和 G,按上面的方法应用周期性边界条件的时候,会出现重复处理某些节点的情况。为了解决这个问题,可以在处理节点 i 之前,先判断 A_{ii} 是否为 1,若为 1 则说明该节点已经被处理过,可以直接跳过;否则,要按式(3-103)更新矩阵 A 和向量 b。

3.2.4 电势的边界条件

求解边值问题时,一般要求系统的边界条件闭合,即在边界上各处都有边界条件。指向矢的边值条件是闭合的,上下极板处满足狄利克雷边界条件和诺伊曼边界条件,前后、左右侧面满足周期性边界条件。电势的边界条件与指向矢类似,只不过在有图案电极的液晶透镜中,电极被刻蚀掉的地方,电势没有边界条件,此处的边界条件不闭合。根据电磁学的知识,电势在无穷远处为零,显然不能严格应用这一边界条件,只能令距图案电极一定距离处电势为零。研究发现,把距极板 $4d$ 处近似为无穷远边界即可满足一般的精度要求[26,36],d 为液晶层的厚度,如图 3-11 所示。电势在无穷远处的边界条件有两种,前面提到,在体积分中无法应用电势的诺伊曼边界条件,故选用狄利克雷边界条件,即在边界上电势为零。电势的狄利克雷边界条件的方法可按前面的方法处理,而侧面可以继续应用电势的周期性边界条件。

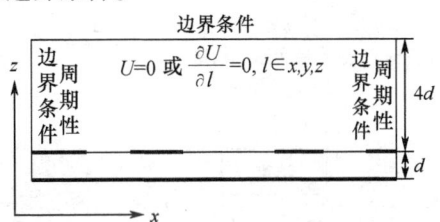

图 3-11 电势的边界条件

用狄利克雷边界条件、诺伊曼边界条件和周期性边界条件约束系统后,就可以求解线性系统了。要注意的是,在每次求解后指向矢都要进行归一化。

3.3 指向矢与电势的计算

3.1 节指出,液晶的吉布斯自由能密度是高度非线性的,使得指向矢与电势的求解只能用数值方法。其中,指向矢的计算是以电势已知为前提的,而电势的计算又是以指向矢已知为前提,两者相互耦合在一起,使得同时计算指向矢和电势非常困难,通过迭代可以解决这个问题。首先设定指向矢的初值,在这个初值的基础上,通过 $BV=0$ 更新系统的电势分布。然后,以更新后的电势为基础,通过迭代式(3-29)计算下一时刻的指向矢的分布,再用这个分布更新电势值,重复这一步骤直到指向矢和电势分布收敛,即迭代前后变化值达到一定的精度。该迭代算法的流程图如图3-12所示[32]。需要注意的是,有时可能因参数选取不当,如式(3-29)中的时间间隔等,导致上述迭代过程不收敛,以至于程序进入死循环,因此一般会设定一个最大迭代次数。

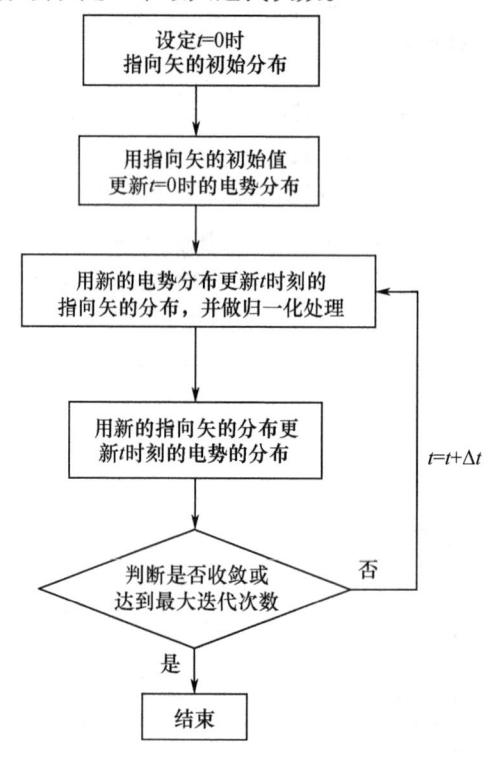

图3-12 指向矢和电势迭代算法的流程框图

按照前面的数值计算方法,应用这个迭代算法,可以求得各离散单元节点上的指向矢和电势的分布。但用有限元法建模时,一般还要对求解的值做后续处理。

有限元对区域做离散化处理时,不要求各离散单元是规则的,使得区域中节点也可能是不规则的。但有时需要的是规则排列的位置上的值,如要观察液晶盒某一竖直截面内的指向矢的分布,这要求能通过离散节点的值计算空间任一点的值。后续处理就是要由空间离散节点处的值,按要求计算规则排列位置的值。

空间内非节点位置的值可以通过该点所处四面体的4个节点处的值插值得到，插值表达式与式(3-19)类似，由于式(3-19)是在自然坐标系下的公式，需要推导笛卡儿坐标系的公式。把式(3-41)~式(3-43)写成矩阵得

$$\begin{pmatrix} x-x_1 \\ y-y_1 \\ z-z_1 \end{pmatrix} = \begin{bmatrix} x_{21} & y_{21} & z_{21} \\ x_{31} & y_{31} & z_{31} \\ x_{41} & y_{41} & z_{41} \end{bmatrix} \begin{pmatrix} \xi \\ \eta \\ \lambda \end{pmatrix} \quad (3-104)$$

式(3-104)是一个三元一次方程组，右边3×3的矩阵是雅可比矩阵，记为$\boldsymbol{J}$，求解后得

$$\begin{pmatrix} \xi \\ \eta \\ \lambda \end{pmatrix} = \boldsymbol{J}^{-1} \begin{pmatrix} x-x_1 \\ y-y_1 \\ z-z_1 \end{pmatrix} \quad (3-105)$$

其中，$\boldsymbol{J}^{-1}$为雅可比矩阵$\boldsymbol{J}$的逆，见式(3-51)。把式(3-105)中的ξ、η和λ代入式(3-15)~式(3-18)，得到笛卡儿坐标系下的插值函数，把它们代入式(3-19)，即得笛卡儿坐标系下的插值公式。这样，可以由有限单元节点处的指向矢和电势，求单元内任一点的指向矢和电势[116]。

液晶微透镜三维有限元建模的全过程，经区域的离散化、单元矩阵和向量的计算、总体矩阵和向量的整合、边界条件的应用和解的后续处理等步骤，即可得到区域内的指向矢和电势的分布。

第4章 电调焦电摆焦液晶微透镜

　　20世纪50年代研究人员为了解决大气湍流扰动的问题提出了自适应光学的概念,其核心思想就是采用可形变的光学元件对波前进行动态的补偿使图像失真最小化,可形变透镜最早应用于天文观测领域。在天文观测中,大气湍流和望远镜的镜头质量都会造成波前扭曲而影响所摄图像的清晰度。另外,温度、机械、光学效应和环境因素等都会影响到物光波的波前探测,这就需要整个光学观测系统应该是一个闭环控制系统能够实时进行动态调节来校正误差,由此把光学分为被动光学和主动光学。在此之前的天文望远镜系统中,由于没有相应的元器件能够实现在观测中主动地实时调节像质的功能,所以属于被动光学的范畴。为了提高成像质量,人们在多个环节进行了改进:在机械上做调整来修正望远镜的误差;改善光学玻璃的冷加工和研磨工艺;采用强硬度和低膨胀系数的玻璃材料来消除因重力和温度而造成的透镜形变影响;降低辅助电气设备的功耗以减少温度对透镜的影响。这些外部因素的改善对提高观测精度起到了积极作用,但大气湍流的影响仍未消除,显然传统的天文望远光学系统受诸多因素的限制已不能达到要求,由此诞生了主动光学,其主要成分就是能够对成像质量进行自动调整的主动光学元件。人眼就是自然界中典型的具有主动光学元件功能的光学系统,通过睫状肌的收缩或舒张调节晶状体的凸度以实现调焦的功能,瞳孔则相当于光阑以调节入射光线的强度,整个结构相当于一套完备的自适应光学系统。

　　随着科学技术的日新月异,计算机科学、半导体工艺、新能源新材料、光电子和微机械微加工等技术领域都发生了重大的革新,自适应光学技术也发展成为集光学、机械、电子、计算机等多门学科于一身的新兴科学,各种自适应光学器件相继研制成功,其中最为重要的是波前校正器,它是确定自适应光学系统性能的最复杂和关键的器件。如今,自适应光学器件的应用越来越广,对其组成的成像系统的要求也越来越高,特别是在太空探测器、无人飞行器和自动导航仪等系统中都强调光学元件的微型化和集成化。采用传统的加工工艺制作的自适应光学器件在精度和性能上已满足不了要求且成本太高,因而急需研发一种体积小、重量轻、制作简单且易集成的新型光学元器件。

　　液晶材料自问世以来,由于其特殊的光电特性使它被广泛地应用在各种光学元件中,其中较多的是光空间调制器[118-121]、F-P谐振腔[122-127]和衍射光栅[128-132]等,这些器件具有体积小、构造简单和易于控制的特点,表明液晶是一种可用于自适应光学元件的新型材料。基于液晶的微透镜的研究始于20世纪90年代,日本科学家S. Sato首先提出一种新型的单圆孔液晶透镜结构并分析了其工作原理[39],随后又给出了其多种改进形式,从那以后,世界各地的研究人员设计出了众多类型的液晶透镜。

本章根据液晶电光特性提出了两种新型结构的微透镜:一种是电控可调焦摆焦的单圆孔图案化电极的液晶微透镜[89];另一种是变通光孔径电控液晶微透镜[92]。新结构微透镜的尺寸比原来的小,只有几百微米,采用了分块条形子电极可以单独控制,既实现了光轴上的调焦功能,也实现了焦平面上的摆焦功能。本章对单圆孔图案化电极的运行机理进行了详细的分析,给出了电场分布的仿真结果,通过试验对微透镜的光学特性进行了全面测试,论证了微透镜结构的合理性。

4.1 电控微透镜电调焦电摆焦特性分析

4.1.1 液晶分子的电驱控行为

液晶能够用作光学材料主要在于它有两个基本特性:一是它具有液体的流动性,液晶分子不会产生大的移动,而只能在原位置附近产生以分子重心为中心的小幅摆动或微小偏移;二是它具有晶体的各向异性,即沿不同方向,物质的结构和性质均不相同,双折射效应就是各向异性晶体的一个特殊性质,因此可以将液晶看作是介于液体和晶体的一种中间状态。液晶除了各向异性和流动性以外,液晶分子的极性也是其重要特性,液晶分子之所以能够在外电场的作用下发生变化,就是因为液晶物质成分中的极性基受到了电场力的作用。图4-1给出

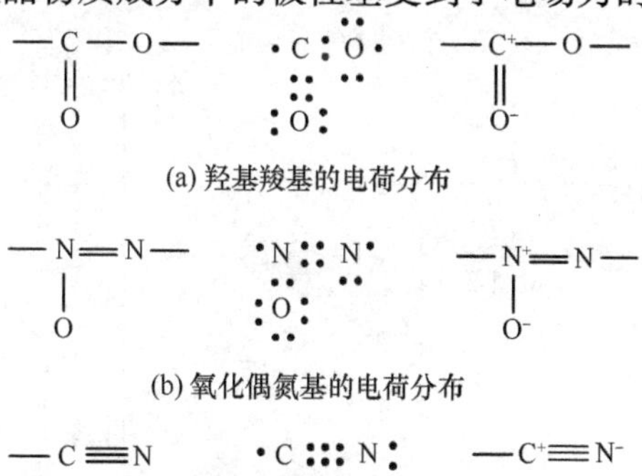

(a) 羟基羧基的电荷分布

(b) 氧化偶氮基的电荷分布

(c) 氰基的电荷分布

图4-1 各种极性基的电荷分布

了液晶分子中的各种极性基的电荷分布。另外,如果液晶分子的构造和排列方式不同,它所表现的外部特性也不一样,常把它们分为3类,即胆甾相、向列相和层列相。图4-2是3类液晶的分子构造。

(a) 层列相液晶分子

(b) 胆甾相液晶分子

(c) 向列相液晶分子

图4-2　3种类型液晶分子构造

根据液晶极性基电荷分布的特点,下面用图4-3来说明微透镜液晶层中的液晶分子在电压驱动下分子取向发生改变的过程。电源正、负两电极分别接两极板,中间薄层灌注液晶,当开关闭合时极板间建立起静电场,方向由正极板指向负极板。液晶分子受此电场力的影响,其极性基中正极受到电源负极板的吸引,极性基中负极受到电源正极板的吸引,导致液晶分子产生偏摆,开电源后液

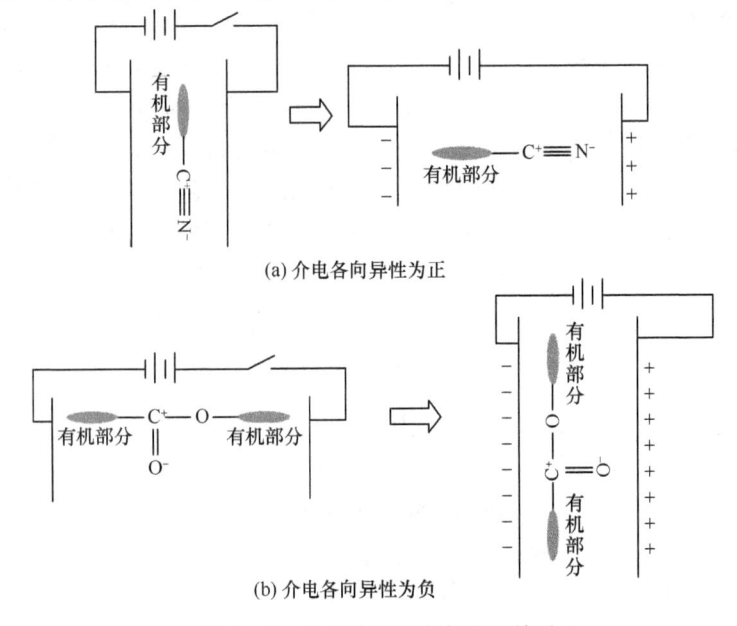

(a) 介电各向异性为正

(b) 介电各向异性为负

图4-3　液晶分子取向与电压关系

晶分子恢复到原来的取向状态。对于介电各向异性为正的液晶,其极性基与分子长轴平行,所以最终的分子取向与静电场方向平行,如图4-3(a)所示;而对于介电各向异性为负的液晶,其极性基与分子长轴垂直,致使最终的分子取向与静电场方向垂直,如图4-3(b)所示。这里的介电各向异性是指液晶分子的长短轴介电常数之间的差值。

液晶是各向异性的物质,设定液晶指向矢方向为统计学意义上的大量分子指向的平均方向,$\varepsilon_{//}$为平行于液晶分子指向矢方向的介电常数,$\varepsilon_\perp$为垂直于液晶分子指向矢方向的介电常数。当对液晶施加外部电场时,有下面的关系式,即

$$\boldsymbol{D} = \varepsilon_\perp \varepsilon_0 \boldsymbol{E} + \varepsilon_0 \Delta\varepsilon (\boldsymbol{n} \cdot \boldsymbol{E})\boldsymbol{n} \tag{4-1}$$

式中:$\boldsymbol{n}$为液晶指向矢;$\Delta\varepsilon = \varepsilon_{//} - \varepsilon_\perp$。

液晶的电场能密度可表示为

$$f_E = -\frac{1}{2}\boldsymbol{D} \cdot \boldsymbol{E} = -\frac{\varepsilon_\perp \varepsilon_0 |\boldsymbol{E}|^2}{2} - \frac{\Delta\varepsilon \varepsilon_0 (\boldsymbol{n} \cdot \boldsymbol{E})^2}{2} \tag{4-2}$$

式(4-2)等号后的第一项与电场方向无关,为方便计算,把与指向矢形变无关的电场能设为零,则式(4-2)可简化为

$$f_E = -\frac{\Delta\varepsilon \varepsilon_0 (\boldsymbol{n} \cdot \boldsymbol{E})^2}{2} \tag{4-3}$$

当$\Delta\varepsilon > 0$时,内积越大,电场能密度越小,液晶分子的指向矢趋于平行电场方向;当$\Delta\varepsilon < 0$时,内积越大,电场能密度越大,液晶分子的指向矢趋于垂直电场方向。液晶层通常被夹在两层PI定向层之间的,而定向层的锚定作用总是阻碍外加电场对液晶分子产生形变,所以外加电场只有大于某一阈值时,液晶分子才开始发生转动,这个阈值也称为Fredericksz转变临界值。

4.1.2 液晶微透镜焦点电调摆原理

液晶微透镜可以实现调焦摆焦功能的本质在于液晶分子在外电场的作用下发生了形变,由于光线在液晶中传播时会发生双折射现象,偏转的液晶分子使入射光的方向发生了改变而产生聚焦和摆焦的效果,所以这里要分析一下向列相液晶的双折射现象。众所周知,当一束自然光正入射到冰洲石一类的晶体表面时会有两束折射光:一束按入射方向传播,另一束却偏离了原方向,这种现象叫双折射,前一条折射线叫寻常光(ordinary light,o光),后一条折射线叫非常光(extraordinary light,简称e光)。双折射晶体又分两类,只有一个光轴方向的叫单轴晶体,有两个光轴方向的叫双轴晶体,向列相液晶的性质近似于单轴晶体。在单轴晶体中的o光传播规律与在各向同性介质中一样,沿各方向的传播速度v_o相同且其波面是球面,而e光沿各方向的传播速度不同,沿光轴方向的传播速度与o光一样为v_o,但在垂直光轴方向的速度为v_e,经时间t后e光的波面是一

个围绕光轴方向的回转椭球面。两波面在光轴的方向上相切。一致取向的向列相液晶和单轴晶体一样有一个光轴,方向与分子的长轴方向一致。由于折射率 $n=c/v$,所以对于 o 光和 e 光,分别有 $n_o=c/v_o$, $n_e=c/v_e$。如果液晶的 $n_e>n_o$,也即 $v_o>v_e$ 则称为正光性材料,向列相液晶属于正光性材料。

向列相液晶的双折射现象与液晶分子的排列方向及密度有关,在分子的长轴方向上分子排列密集,因而原子和电子的密度也大,在垂直长轴的方向上分子排列松散,因而原子和电子的密度也小。光在物质中传播时,会使原子和电子产生振动,在原子和电子密度高的面内传输时由于受到的电子阻碍作用较大,所以传输速度 v_e 会较慢,在原子和电子密度低的面内传输时,由于受到的电子阻碍作用较小,所以传输速度 v_o 会较快,从而导致 $v_o>v_e$。

光在向列相液晶介质中传播规律仍然可以用麦克斯韦方程来描述,不过物质方程中的介电常数不再是一常数而是二阶张量。在对麦克斯韦方程的求解过程中,可以发现寻常光和非常光在晶体中的折射率可以用折射率椭球来进行描述,如图 4-4 所示。取光轴的方向平行于 z 轴,$n_o=n_x=n_y$,$n_e=n_z$,由于椭球是旋转对称的,为讨论方便,设光线沿 k 方向并在 zOy 平面内,k 与 z 轴的夹角为 θ,以 k 为法向的平面与椭球的截面为一个椭圆,该椭圆

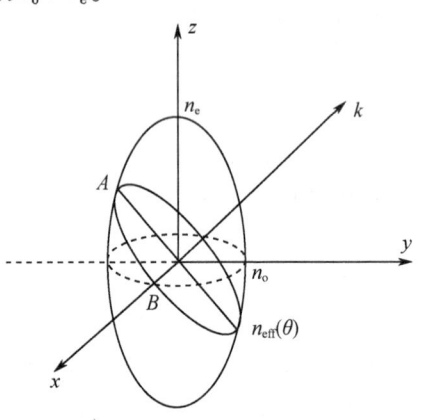

图 4-4 折射率椭球

的长短轴为 OA 和 OB,而其长度等于两线偏振光的折射率,因 OB 与 zOy 平面垂直,其长度恒为 n_o,OA 的长度代表非常光的折射率与 θ 有关,设 OA 在 z 轴和 y 轴的投影为 y_A 和 z_A,则有

$$\frac{y_A^2}{n_o^2}+\frac{z_A^2}{n_e^2}=1 \tag{4-4}$$

$$\begin{cases} z_A=n_{eff}(\theta)\sin\theta \\ y_A=n_{eff}(\theta)\cos\theta \end{cases} \tag{4-5}$$

将式(4-4)代入式(4-5)得

$$n_{eff}^2(\theta)=\frac{n_o^2 n_e^2}{n_e^2\cos^2\theta+n_o^2\sin^2\theta} \tag{4-6}$$

因为单圆孔液晶微透镜是最简单形式的电控图案化电极液晶透镜,也是圆孔液晶微透镜阵列的单元。下面以图 4-5 所示装置推导其焦距公式。

当一束平行平面波垂直入射到液晶平板上,由于液晶微透镜电控状态下的

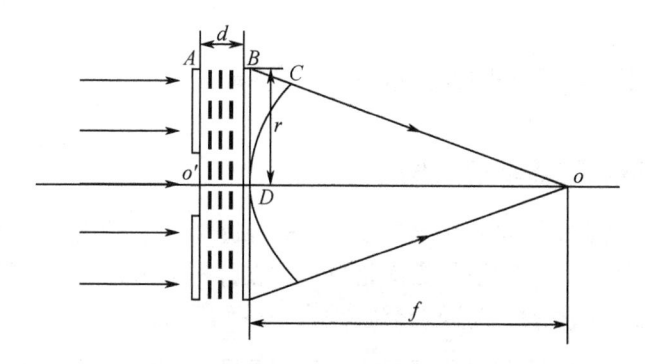

图 4-5 单圆孔图案化电极液晶透镜的焦距求解示意图

会聚作用,使平行光经过液晶微透镜后变为会聚球面波并在光轴上交于焦点 O,根据等光程原理有

$$AB + BC = O'D \tag{4-7}$$

由图可得

$$O'D = n_{max}d \tag{4-8}$$

$$AB = n(r)d \tag{4-9}$$

$$BC = BO - CO = BO - DO = \sqrt{BD^2 + DO^2} - DO$$

$$= \sqrt{r^2 + f^2} - f \approx f\left(1 + \frac{1}{2}\frac{r^2}{f^2}\right) \tag{4-10}$$

将式(4-8)~式(4-10)代入式(4-7),可得

$$f = \frac{r^2}{2(n_{max} - n(r)) \cdot d} \tag{4-11}$$

由式(4-9)可以得到

$$n(r) \cdot d = n_{max} \cdot d - \frac{r^2}{2f} \tag{4-12}$$

由式(4-12)可得液晶微透镜的相位调制函数为

$$\phi(x,y) = \frac{2\pi}{\lambda} \cdot n(r) \cdot d = \frac{2\pi}{\lambda} \frac{2fn_{max}d - r^2}{2f} \tag{4-13}$$

式(4-13)与薄透镜在傍轴情况下的相位调制函数公式 $\phi(x,y) = -\frac{2\pi}{\lambda}\frac{x^2+y^2}{2f}$ 是一致的,说明单圆孔图案化电极的液晶微透镜具有和薄透镜一样的会聚功能。

4.2 单圆孔电调焦摆焦液晶微透镜

4.2.1 具有调摆焦功能的图案化电极

本实验室先前设计的单圆孔图案化电极的透镜只能使焦点在光轴上进行移动而且是直径为 2mm 大孔径,为满足焦点能在焦平面内移动即电控摆焦功能,设计实现了新型的液晶微透镜,其结构如图 4-6 所示。

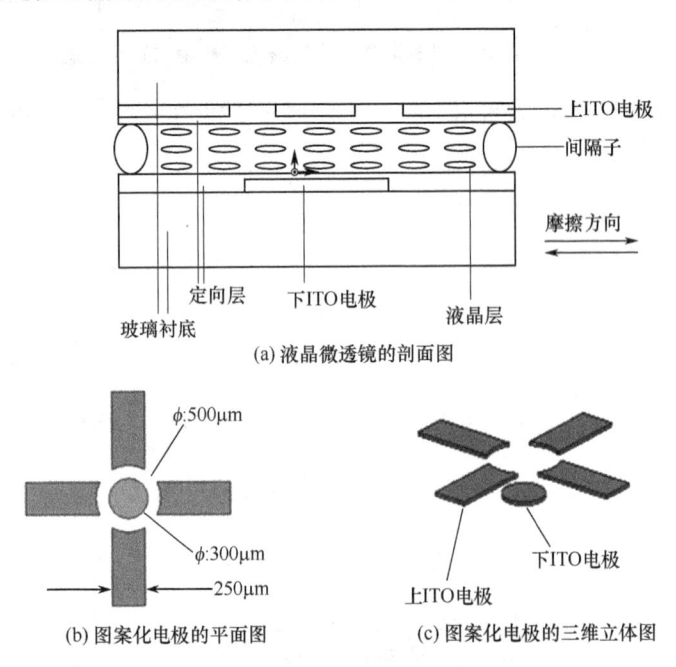

(a) 液晶微透镜的剖面图

(b) 图案化电极的平面图

(c) 图案化电极的三维立体图

图 4-6 单圆孔图案化电极可电调焦摆焦液晶微透镜结构

该液晶微透镜主要由上下玻璃衬底、图案化电极和液晶层组成。液晶层被夹在两玻璃衬底之间,并被直径为 50μm 的玻璃间隔子隔开。上下玻璃衬底下玻璃衬底上电镀了一层 ITO 透明电极且相对放置。两透明电极上涂有一层定向层,其摩擦方向与玻璃表面的水平方向一致且保持反向平行关系。上玻璃衬底上的电极是由 4 个宽度为 250μm 的条形子电极组成,4 个子电极呈垂直对称分布,其中心有一个直径为 500μm 的圆孔。下玻璃衬底上的电极是一个直径为 300μm 的圆饼电极,其圆心与上玻璃衬底上的圆孔是同心的,液晶材料为 Merck 公司的 E44。

4.2.2 电调摆焦液晶微透镜的电光特性

首先根据电磁场理论对加电条件下液晶层中的静电场分布进行了仿真。为讨论简便起见,设加载到上、下、右、左4个子电极的电压为 $V(1,2,3,4)$。图4-7是4个子电极分别加电压时液晶层中的电势分布仿真图。其中右列是液晶层中整个电势分布的三维立体图,左列是在液晶层中厚度为 $25\mu m$ 处电势分布的平面图。在图4-7中加载到4个子电极的电压分别为

(a) $V(1,2)=(30V_{rms},30V_{rms}),V(3,4)=(30V_{rms},30V_{rms})$。

(b) $V(1,2)=(30V_{rms},30V_{rms}),V(3,4)=(24V_{rms},14V_{rms})$。

(c) $V(1,2)=(30V_{rms},30V_{rms}),V(3,4)=(16V_{rms},8V_{rms})$。

(d) $V(1,2)=(30V_{rms},30V_{rms}),V(3,4)=(12V_{rms},4V_{rms})$。

在图4-7(a)中4个子电极的电压幅值相同,均为 $30V_{rms}$,液晶层中的电势呈均匀对称分布,上下电极的电压保持 $30V_{rms}$ 不变,左右电极的电压绝对值逐渐减小,比值逐渐增大,从图4-7(b)~(d)所示的变化趋势可以看出弱电势区域从中心逐渐向左侧移动,移动距离约为 $60\mu m$,此移动距离和上下电极的恒定电压值以及左右电极的电压差值有关。

为了对微透镜的光学性能进行测试,搭建了图4-8所示的光路图。试验中光源采用激光或白光源,液晶微透镜处于两偏光片之间,两偏光片的偏振方向与液晶透镜的摩擦方向成±45°,各元件安装在导轨上,其光轴严格平行,它们之间的距离可以调节。液晶微透镜的控制电压为1kHz的方波信号。

图4-9是波长为 $0.633\mu m$ 的激光源的干涉图。图4-9(a)是四子电极加载相同电压幅值时的干涉条纹图,条纹呈中心对称分布,每相邻亮条纹之间的相位相差 2π。图4-9(b)是子电极加载不同电压时的干涉对比图案,左图是左右两侧子电极的电压差值较小情况下的干涉图,右图是电压差值进一步增大后的干涉图,从图中可以看出右侧条纹间距疏松,而左侧在一定距离内则有更多的条纹,这是因为左右两侧电压幅值不同而导致各处的折射率不均匀所致。为了测试微透镜的聚焦性能,使用白光源作为入射光,去掉检偏器,调整起偏器使它的偏振方向与微透镜的摩擦方向平行一致。

图4-10是4个子电极加载相同电压时,白光源入射时微透镜的聚焦过程。图4-10(a)~(f)分别代表电压幅值为 $1.1V_{rms}$、$2V_{rms}$、$4V_{rms}$、$5V_{rms}$、$10V_{rms}$ 和 $15V_{rms}$。从图4-10(a)可以看出,当电压幅值大于阈值电压 $1.1V_{rms}$ 时,微透镜开始出现聚焦现象,根据阈值电压公式 $V_{th}=\pi(K_{11}/(\varepsilon_{//}-\varepsilon_{\perp}))^{1/2}$,理论阈值 $V_{th}\approx 1V_{rms}$,和实际值是一致的。液晶参数值为 $\varepsilon_{//}=23.0,\varepsilon_{\perp}=5.2,K_{11}=15.5\times 10^{-12}N$。其中 $\varepsilon_{//}$、$\varepsilon_{\perp}$ 分别是平行和垂直于液晶分子指向矢的介电常数,K_{11} 是液晶的展曲弹性常数。当电压幅值达到 $15V_{rms}$ 时,微透镜完全聚焦,试验测得的焦距为 5.45mm。

液晶微透镜的焦距与电压幅值的关系如图4-11所示。从图可知,焦距与电压成反比关系,电压越大焦距越小,这与电压控制液晶微透镜折射率的变化是

(a) $V(1,2,3,4)=(30V_{rms},30V_{rms},30V_{rms},30V_{rms})$

(b) $V(1,2,3,4)=(30V_{rms},30V_{rms},24V_{rms},14V_{rms})$

(c) $V(1,2,3,4)=(30V_{rms},30V_{rms},16V_{rms},8V_{rms})$

(d) $V(1,2,3,4)=(30V_{rms},30V_{rms},12V_{rms},4V_{rms})$

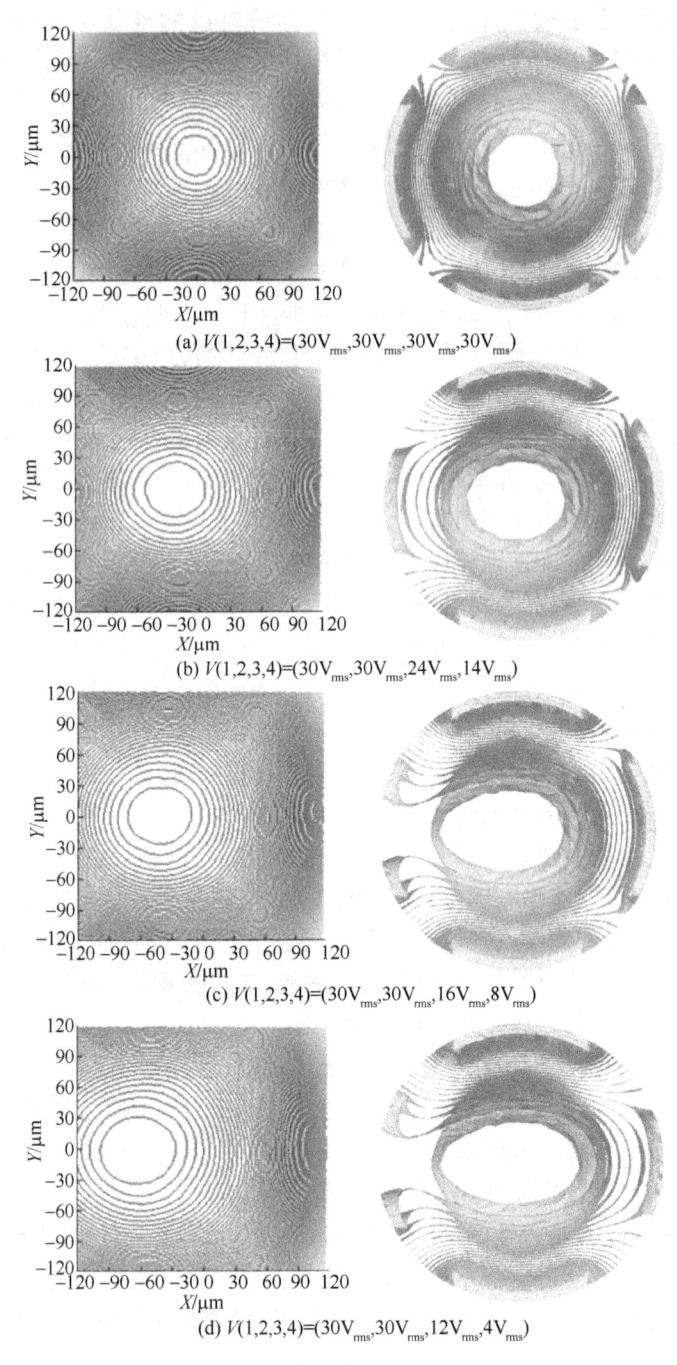

图 4-7 4 个条形子电极单独控制时液晶层电势分布仿真结果
（左侧为电势分布平面截图；右侧为电势分布三维立体图）

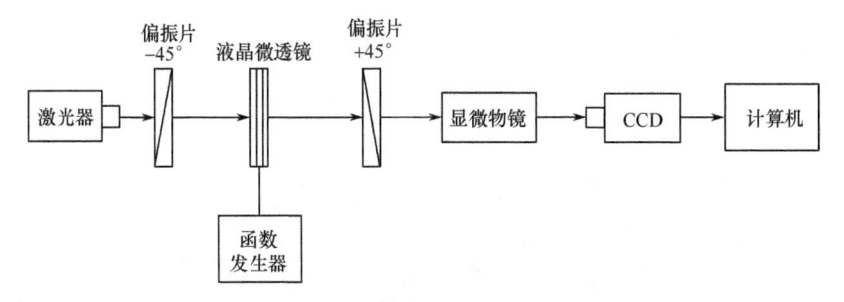

图 4-8 液晶微透镜测试光路图

(a) 四子电极加载相同电压幅值时的干涉条纹图

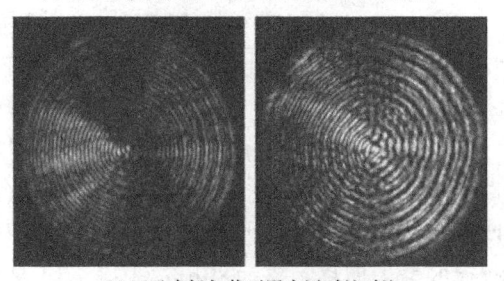

(b) 四子电极加载不同电压时的对比

图 4-9 波长 0.633μm 的激光干涉图

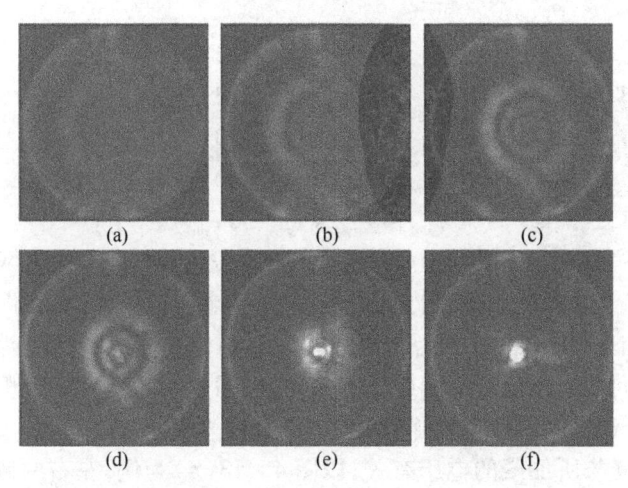

图 4-10 入射平行白光电控聚焦过程

75

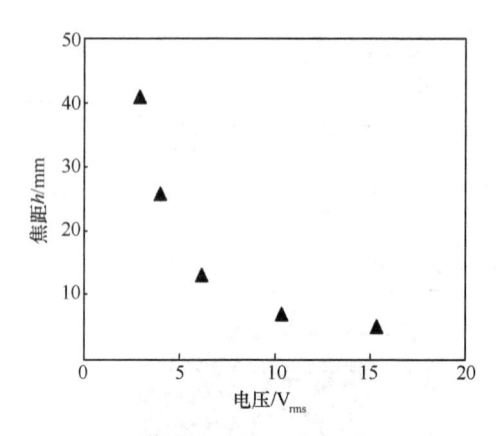

图 4-11 微透镜焦距与加载电压幅值的关系

相应的。当电压逐渐增大时,微透镜圆孔区域的折射率也变大,光学偏折的幅度更大,因而焦距变短,焦点更靠近透镜平面。当4个子电极单独控制时,微透镜圆孔区域的电场分布将发生变化,等势线将随不同的应用电压值而移动。

焦点在焦平面内的移动情况如图4-12所示,由于微透镜结构的对称性,这里考虑焦点沿 x 轴移动的情况。加载到4个子电极上的电压值与图4-7中的相同,试验结果表明,焦点向左侧的低电压处移动。圆孔区域中右电极处的电场强度要大于左侧电极区域,因而液晶分子的倾斜角更大,折射率变小。传输光线将向左侧偏转,焦点也沿 x 轴向左侧移动。从图4-12(a)、(b)可以看出,焦点形态在整个偏移过程中基本保持不变,也即调节子电极的控制电压时,焦点仍在焦平面内,试验中测得的最大偏移距离为 $80\mu m$。图4-13是焦点在焦平面内沿 x 轴、y 轴和 $45°$ 度角偏摆的测试结果。图4-13(a)~(e)中,4个子电极所加的电压为

(a) $U(1,2,3,4) = (30V_{rms}, 30V_{rms}, 4V_{rms}, 12V_{rms})$。
(b) $U(1,2,3,4) = (30V_{rms}, 30V_{rms}, 12V_{rms}, 4V_{rms})$。
(c) $U(1,2,3,4) = (4V_{rms}, 12V_{rms}, 30V_{rms}, 30V_{rms})$。
(d) $U(1,2,3,4) = (12V_{rms}, 4V_{rms}, 30V_{rms}, 30V_{rms})$。
(e) $U(1,2,3,4) = (30V_{rms}, 4V_{rms}, 4V_{rms}, 30V_{rms})$。

在图4-13(a)、(b)中,上、下子电极的电压为 $30V_{rms}$,左、右两侧电极的电压分别为 $4V_{rms}$ 和 $12V_{rms}$,焦点向低电压值的左侧或右侧移动;在图4-13(c)、(d)中,左、右子电极的电压为 $30V_{rms}$,上、下两侧电极的电压分别为 $4V_{rms}$ 和 $12V_{rms}$,焦点向低电压值的上侧或下侧移动;在图4-13(e)中,上侧和右侧子电极的电压为 $30V_{rms}$,下侧和左侧电极的电压分别为 $4V_{rms}$,焦点沿 $45°$ 角移动。焦点的偏摆幅度与所加载的电压有关,以图4-13(a)为例,左右两侧的电压差越大,焦点偏摆的幅度越大。应用电压调节最大对焦点的偏摆是有利的,但影响偏

(a) 电控摆焦原理

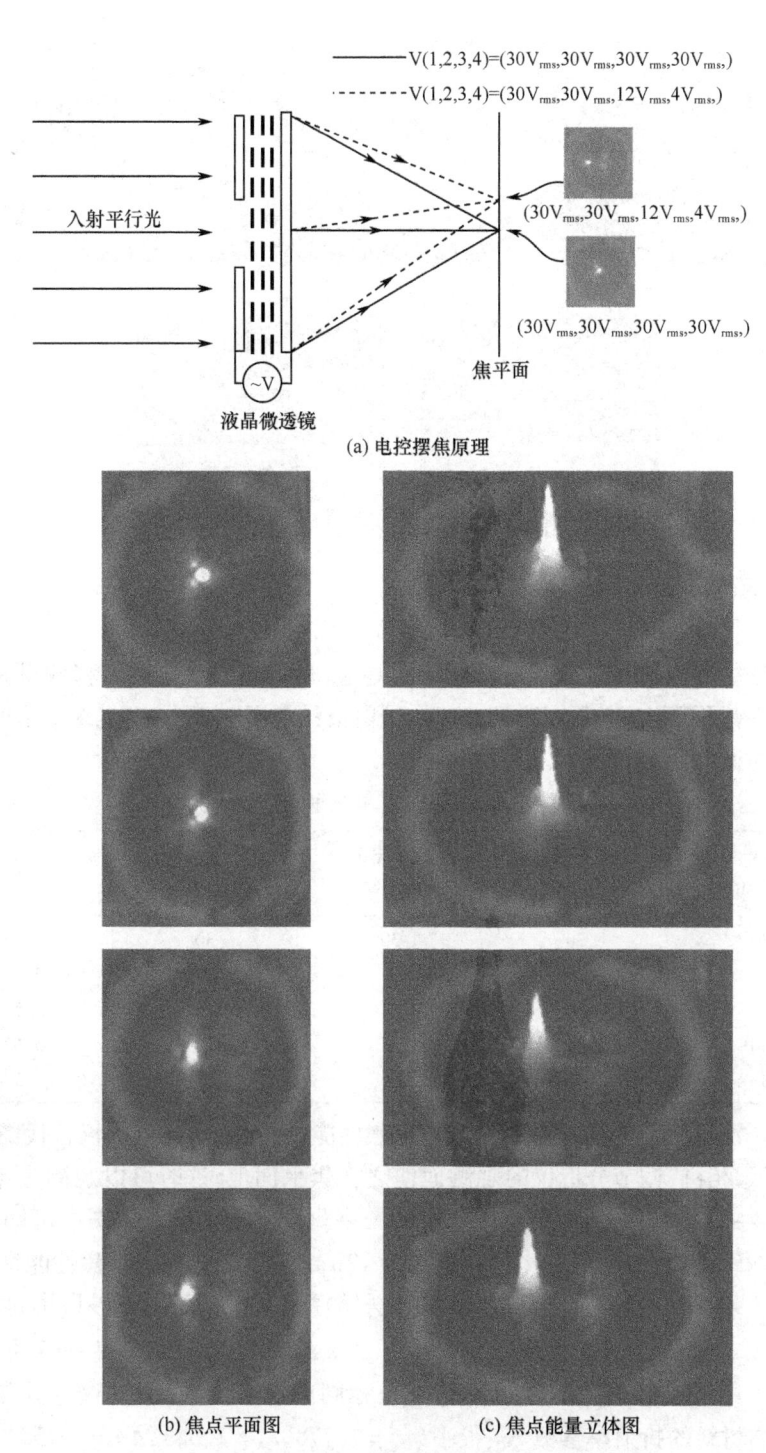

(b) 焦点平面图 (c) 焦点能量立体图

图 4-12 焦点在焦平面内沿 x 轴方向偏摆

77

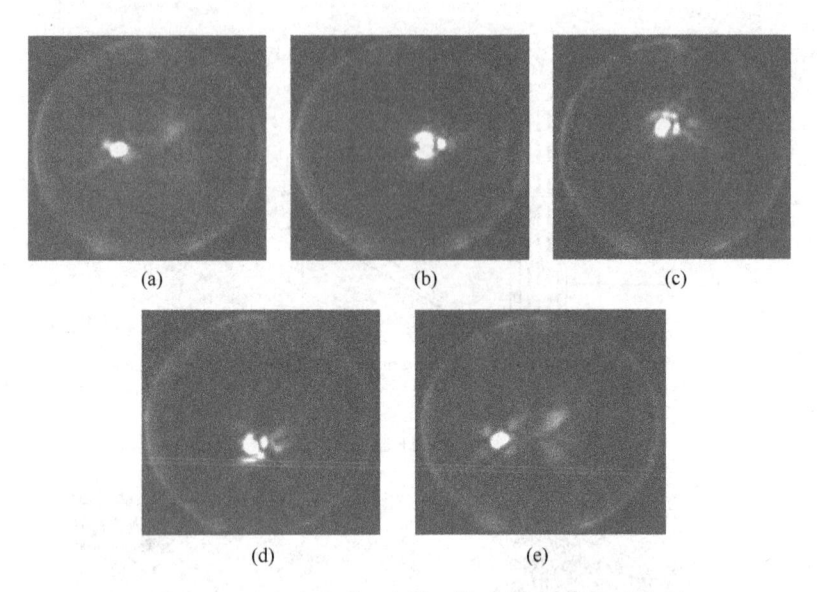

图 4–13 焦点在焦平面内沿 x 轴、y 轴和 45°方向偏摆

摆幅度的主要因素在于两子电极之间的差值，为了达到最佳的偏移效果并使焦点保持在焦平面内，必须同时调节 4 个子电极的电压。表 4–1 是 4 个子电极分别控制时的焦距测试结果。

表 4–1 4 个子电极单独控制时的焦距

上子电极 $U(1)/V_{rms}$	下子电极 $U(2)/V_{rms}$	左子电极 $U(3)/V_{rms}$	右子电极 $U(4)/V_{rms}$	焦距/mm
30	30	30	30	5.12
30	30	14	24	5.35
30	30	8	16	5.52
30	30	4	12	5.62
30	4	4	30	5.58

为了测试白光源通过微透镜时的聚焦性能，用光束质量分析仪替代图 4–8 中的 CCD 相机，调节分析仪的观测面使之在焦平面上，这时可以观测焦点的光强。图 4–14 是焦点偏摆到最左侧时的归一化点扩展函数。从图中可知，点扩展函数曲线陡峭锐利，最大半值宽度约为 $12\mu m$，说明微透镜的聚焦性能良好。

图 4–15 是用光度计得到的液晶微透镜在不同电压下的各波段透过率，其中加载到透镜的电压幅值为 $0V_{rms}$、$5V_{rms}$、$10V_{rms}$ 和 $20V_{rms}$。从图 4–15 可知，不同电压下的液晶微透镜的透过率基本是相同的没有太大变化，这主要是因为 E44 液晶材料的折射率参数 Δn 很小（$n_e = 1.778$，$n_o = 1.523$，$\Delta n = 0.255$），在波长大于 400nm 后透过率达到 60%，大于 500nm 后透过率基本稳定在 80%，也就

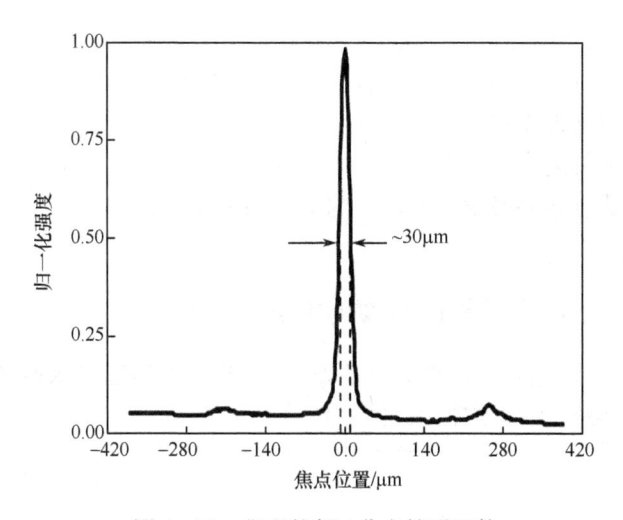

图 4-14 焦斑的归一化点扩展函数

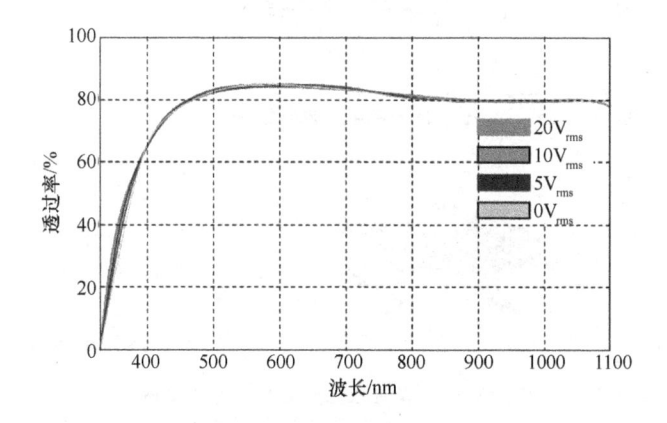

图 4-15 不同波段的液晶微透镜透过率

是说在可见光波段,液晶微透镜有 80% 的高透过率,说明液晶微透镜是很好的宽光谱器件。

4.3 通光孔径可切换的电控液晶微透镜

在 4.2 节中提出的微透镜实现了通过电压控制使焦点可以沿光轴或在焦平面内摆动的功能,摆动的幅度最大能达 80μm。但在有些实际应用中,如快速切换观测器视频和动态调节入射光光强,这时往往需要电控调焦摆焦的多孔径的液晶微透镜。这种类型的微透镜有两个优点:一是能够根据不同情况变换视野,大孔径可以对较大区域成像;二是大孔径能让更多光线透过透镜。如在跟踪飞行目标过程中,如果目标突然改变速度和方向,它将超出探测器视野,这种情况下可以快速切换探测器通光孔径,用大孔径迅速追踪和锁定目标,然后用小孔径进行精细识别。在液晶微透镜前放置传统的可变光阑也能控制液晶微透镜的有效通光孔径,但这种光阑体积大,反应速度慢,在高速和剧烈震动条件下力学性能变差,很难和其他光学元件集成,并且由机械震动引起的高温也会影响液晶的光电性能,因此有必要研发一种灵巧的集成微光结构来通过电信号同时调节通光孔径和焦距。

4.3.1 双通光孔径液晶微透镜的图案化电极设计

在 4.2 节所设计的微透镜结构基础上,本节设计实现了双通光孔径电控可调焦摆焦液晶微透镜,其结构如图 4-16 所示。

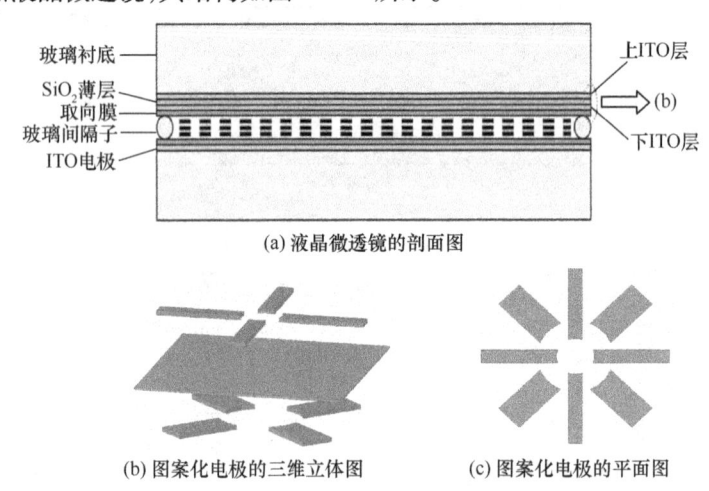

(a) 液晶微透镜的剖面图

(b) 图案化电极的三维立体图　　(c) 图案化电极的平面图

图 4-16　双通光孔径液晶微透镜结构

该液晶微透镜主要由玻璃衬底和 100μm 厚的液晶层组成。上玻璃衬底镀有两层透明 ITO 电极作为图案化电极层,中间有一层几百纳米厚的 SiO_2 薄膜作为电气隔离层,两层透明 ITO 电极采用传统的光刻盐酸腐蚀法形成 4.2 节中的图案化电极,图案化电极都是由条形子电极组成的圆孔图案。上层图案化电极的圆孔直径为 400μm,下层图案化电极的圆孔直径为 200μm,两个圆孔保持平行且圆心同轴,两层图案化电极的对称轴互为 45°,液晶材料为 Merck 公司的 E44。

4.3.2　通光孔径可切换液晶微透镜的电光特性

首先讨论当电压加载到不同图案化电极层时,焦点沿光轴或在焦平面移动的情况,如图 4-17 所示。由于双圆孔的直径不同,所以通光孔径的相应尺寸及焦距是不同的。图中,f_1 和 m_1 分别表示圆孔直径为 200μm 的微透镜焦距和有效通光孔径,Δx_1 表示当子电极加载不同电压时焦点在焦平面内偏摆的范围,f_2、m_2 和 Δx_2 分别与 400μm 孔径的微透镜结构相对应。由于孔径大,在相同电压情况下其焦距和偏摆幅度都要比小孔径的要大。图 4-18 给出了不同通光孔径焦距与电压幅值间的关系,方形连线对应小孔径,圆点连线对应于大孔径。从图可知,当电压在 $2V_{rms} \sim 10V_{rms}$ 区间内逐渐增大时,大小孔径的焦距都快速减小,而当电压幅值大 $10V_{rms}$ 后,焦距的变化开始变缓,这是因为液晶分子指向矢的偏摆角度已达到最大,即使继续加大电压幅值,焦距也不会有明显改变而呈现缓慢平坦变化趋势。

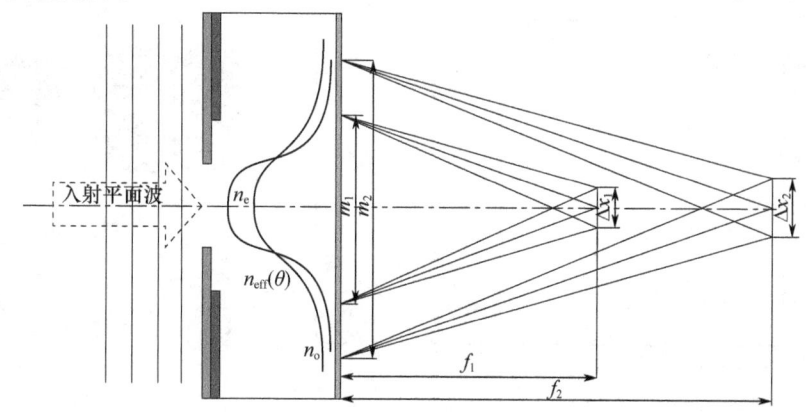

图 4-17　电压加载到不同图案化电极层时双孔径微透镜焦点偏摆示意图

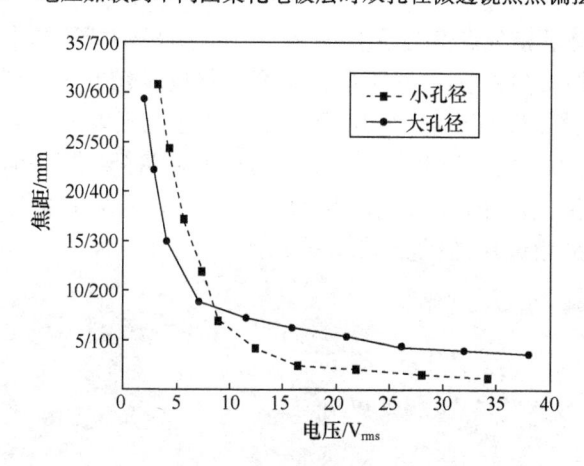

图 4-18　微透镜不同孔径焦距与电压幅值关系

图 4-19 是不同尺寸圆孔的有效通光孔径与电压幅值之间的关系。测试结果表明,有效的通光孔径要略大于圆孔的设计尺寸。电极层加载电压后,圆孔区域中的液晶分子开始摆动使入射光偏折并最终聚焦,圆孔边缘外侧的少量液晶分子也起到会聚入射光的作用,边缘外侧到中心的距离比圆孔的直径要略大,导

致会聚光束的实际尺寸要略大于圆孔直径,也就是实际的通光孔径要略大于设计尺寸。由于电压幅值对圆孔边缘外侧处液晶分子指向矢偏摆变化的影响很小,因为此处的液晶分子摆动幅度已接近最大,所以电压幅值继续增大时有效通光孔径基本保持不变。在试验中,直径为400μm圆孔的有效通光孔径约为470μm,直径为200μm圆孔的有效通光孔径约为230μm,图中圆孔内的黑色区域代表有效的通光孔径,即此部分的光线因液晶微透镜的会聚作用而聚集成中心处的焦点,由于能力都集中在焦点处,所以呈现了低能量的黑色区域,理论分析和试验结果是一致的。

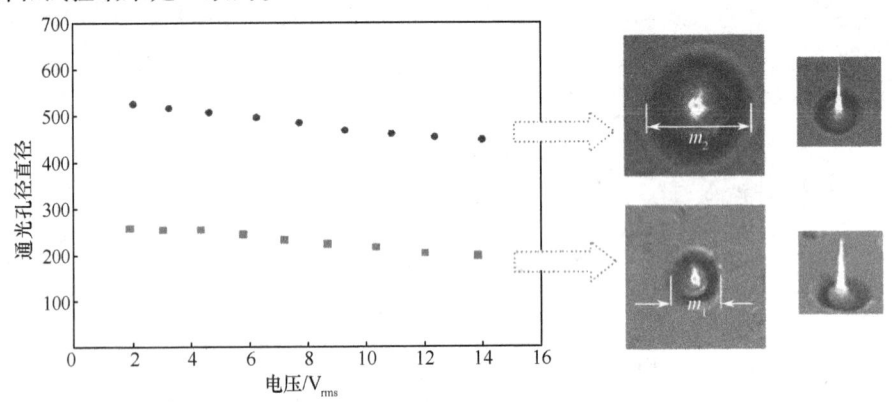

图4-19 不同尺寸圆孔的有效通光孔径与电压幅值的关系

为了测试微透镜焦点偏摆幅度,需对4个子电极加载不同电压。考虑到两层图案化电极的结构相似性,只给出顶层图案化电极在电压控制下焦点沿 x 轴和45°角偏摆的情况,如图4-20所示。当上、下子电极电压为$4V_{rms}$,左、右子电极的电压差值由零增加到$10V_{rms}$时,焦点将从中心偏移到最右侧,如前4个子图所示。当左边和上边两子电极电压为$11.2V_{rms}$,右和下两子电极电压为$1.2V_{rms}$时,焦点将沿45°角偏移,如图4-20(e)所示。

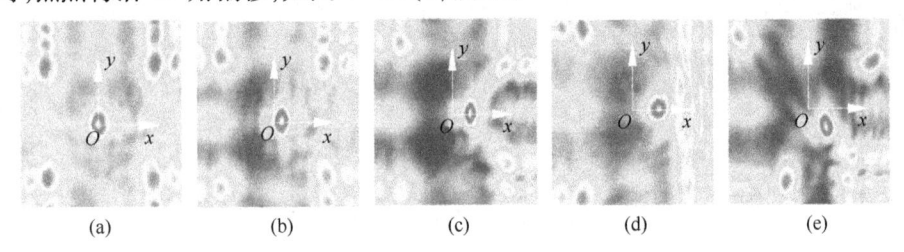

图4-20 焦点在焦平面内沿 x 轴和45°角摆动

因为典型单圆孔图案化电极的液晶微透镜在加电时是工作于正透镜状态的,对光线具有会聚作用,其折射率是从圆心沿径向逐渐变小的,并且具有旋转对称性的特点。现在以下衬底的平板电极面为 xy 平面,以圆孔圆心为坐标原点,z轴方向与微透镜光轴平行,建立笛卡儿坐标系来讨论焦点移动问题。在近轴条件下,x和y很小,因此变折射率介质的折射率分布可写成[30,133]

$$n^2(x,y,z) = n_e^2 \pm h_2(z)(x^2+y^2) \pm \frac{1}{2}[h_4(z)(x^2+y^2)^2 \pm \cdots] \quad (4-14)$$

式中:n_e为液晶微透镜在圆心处的折射率;$h_2(z)$和$h_4(z)$分别是折射率分布的二阶和四阶系数,对式(4-14)取平方根,对等号右边展开并忽略高次项,可得

$$n(x,y,z) = n_e\left[1 \pm \frac{h(z)}{2}(x^2+y^2)\right] \quad (4-15)$$

在近轴条件下,$\dot{x}$和$\dot{y}$小于1,$n(z) \approx n_e$,所以液晶层中光线的方向余弦方程可写为

$$\begin{cases} p_x = n_e \dot{x} \\ p_y = n_e \dot{y} \end{cases} \quad (4-16)$$

式中:p为光线上任意一点;p_x和p_y为光线方向余弦;$\dot{x}$和$\dot{y}$为p在x和y方向的斜率,则有

$$\begin{cases} \dot{p}_x = \dfrac{\mathrm{d}}{\mathrm{d}z}[n_e \dot{x}] = n_e h(z)x \\ \dot{p}_y = \dfrac{\mathrm{d}}{\mathrm{d}z}[n_e \dot{y}] = n_e h(z)y \end{cases} \quad (4-17)$$

其中$\sqrt{h(z)}$是液晶微透镜在z方向上的折射率分布常数,式(4-17)可改写为

$$\begin{cases} \ddot{x} + \dfrac{\dot{n}_e}{n_e}\dot{x} + h(z)x = 0 \\ \ddot{y} + \dfrac{\dot{n}_e}{n_e}\dot{y} + h(z)y = 0 \end{cases} \quad (4-18)$$

考虑到折射率分布的旋转对称性,在xOz平面内取变量x、p_x,可得

$$\begin{cases} p_x = n_e \dot{x} \\ \ddot{x} + h(z)x = 0 \end{cases} \quad (4-19)$$

式(4-19)给出了液晶层中近轴光线在xOz面内任意点的位置$x(z)$和方向余弦p_x,它的两个特解分别是轴光线和场光线,即

$$\begin{cases} x_0 = k_a(z) \\ p_{x_a} = n_e \dot{k}_a(z) \end{cases} \quad \begin{cases} x_f = k_f(z) \\ p_{x_f} = n_e \dot{k}_f(z) \end{cases} \quad (4-20)$$

式中:$\dot{k}_a$为轴光线斜率;$\dot{k}_f$为场光线斜率。则式(4-19)的一般解可以由式(4-20)两个特解的线性组合来表示,即

$$\begin{cases} x(z) = m k_a(z) + n k_f(z) \\ p_x(z) = m p_{x_a}(z) + n p_{x_f}(z) \end{cases} \quad (4-21)$$

式中:m 和 n 为由边界条件而定的常量,在取定的 xOz 面中有

$$\begin{cases} x_a \mid_{z=0} = k_a(0) = 0 \\ p_{x_a} \mid_{z=0} = n_e \dot{k}_a(0) = n_e, \quad \dot{k}_a(0) = 1 \end{cases} \quad (4-22)$$

$$\begin{cases} x_f \mid_{z=0} = k_f(0) = 1 \\ p_{x_f} \mid_{z=0} = n_e \dot{k}_f(0) = 0, \quad \dot{k}_f(0) = 0 \end{cases} \quad (4-23)$$

将式(4-22)和式(4-23)代入式(4-21)可得

$$m = \frac{p_0}{n_e}, n = x_0 \quad (4-24)$$

将式(4-24)代入式(4-21)可得光线的位置方程和方向余弦方程为

$$\begin{cases} x(z) = k_f(z)x_0 + \dfrac{k_a(z)}{n_e}p_0 \\ p_x(z) = n_e \dot{k}_f(z)x_0 + \dot{k}_a(z)p_0 \end{cases} \quad (4-25)$$

式中:x_0 和 p_0 为光线在 $z=0$ 处的位置坐标和斜率。而 $k_a(z)$ 和 $k_f(z)$ 的表达式为

$$\begin{cases} k_a(z) = \dfrac{1}{(\sqrt{h(0)}\sqrt{h(z)})^{1/2}} \sin\int_0^z \sqrt{h(z)}\,\mathrm{d}z \\ k_f(z) = \left[\dfrac{\sqrt{h(0)}}{\sqrt{h(z)}}\right]^{1/2} \cos\int_0^z \sqrt{h(z)}\,\mathrm{d}z \end{cases} \quad (4-26)$$

在一定加载电压下,若考虑平行光入射且液晶层厚度为 d,则可取 $z=d$,$p_0=0$,根据式(4-25)和式(4-26)可算出液晶微透镜在出射端面上各处的光线斜率,由此斜率即可求得微透镜在某电压幅值下的焦距和焦点在焦平面偏摆的距离,其中 n_e 是与加载电压幅值有关的量,可按照2.3节中的方法进行计算。

另外,需要注意的问题是液晶微透镜的响应时间,它和液晶层的厚度有直接的关系。试验中的液晶材料 E44 室温下的弹性黏滞系数为 $25\mathrm{ms}/\mathrm{\mu m}^2$、厚度为 $100\mathrm{\mu m}$ 的液晶层其响应时间约为25s,这是相当慢的。为了提高响应速度,目前有几种方法:通过使用高双折射率液晶材料制作成更薄的液晶层;采用过驱动和负电压的方法;采用双频液晶;采用聚合物网状液晶。

在制作双层图案化电极时,两电极图案的对准是一个技术难题,在试验中是采用定位孔的方法予以解决。在绘制光刻板时要预先给出定位孔,并且对准步骤要在高倍显微镜下完成。最终的对准校验可以通过两种方式完成:一是验证定位孔是否对齐;二是对定位孔加电,验证定位孔的焦点是否对齐。当两种验证方式都对齐的情况下,可以保证误差在数微米左右。

第5章 双模一体化液晶微透镜阵列及复合结构

电控可调焦液晶微透镜以其体积小、重量轻、操控简单等特性可被广泛应用于很多成像系统中，如手机、照相机、内窥镜和手持夜视仪等。与传统的可变焦成像系统相比，液晶微透镜最大的优势就是可以通过电压信号来调节焦距，省去了用伺服电机控制的复杂而笨重的机械变焦系统，使整个结构变得轻巧紧凑，而且降低了功耗。液晶微透镜可以电控调焦的原理在于液晶层中的液晶分子在外电场的作用下会发生形变导致指向矢方向的改变，不同位置的电场强度不同从而指向矢改变的角度也不同，这样在电极图案区域内会形成类似钟形的折射率梯度分布，该折射率分布对入射光具有会聚作用。在由液晶微透镜组成的成像系统中，电控调焦的范围通常是很小的，因为焦距范围由液晶微透镜所产生的相位差决定，而相位差依赖于液晶材料的双折射率和液晶层的厚度，当材料选定后其双折射率是固定的，一般都很小，唯一途径是增大液晶层厚度，但这又使液晶透镜的响应时间增大，150μm 厚的液晶透镜的响应时间可达 50s 左右。当然，可以通过复杂的电极图案和驱动方式来提高响应速度，但这会对系统带来额外的辅助条件。日本提出了一种焦距可正负变化的液晶透镜，其光焦度变化范围为 $-6.1/m \sim 4.6/m$，但由于电极结构设计上存在缺陷使得驱动电压值较大，很难满足实际应用需要。

本章为满足成像探测器的需要，设计出了两种新颖的液晶微透镜结构，即双模一体化液晶微透镜阵列及其复合结构，双模是指会聚和发散两种模态。双模一体化微透镜能够通过调节电压使微透镜工作于会聚或发散两种透镜模式，可以实现电控调焦功能，而且扩大了焦距调节范围。复合结构可以看成是两个透镜的级联，工作模式可以是光会聚—会聚模式或光会聚—发散模式，这种级联结构的透镜对入射光的调控能力更强，可以获得更大的放大倍数和调焦范围，并且具有抗强光干扰功能。

5.1 常规成像透镜的光学特性

对于由液晶微透镜组成的光路来讲，因为它是处于各向同性的均匀空气介质中,物空间和像空间的光线均为直线,两空间的点存在一一对应的共轭关系,并且是在近轴区域成像,可把该光路近似为理想光路,并用理想光路的成像特性来进行处理,所以搞清楚常规成像透镜也即正负透镜所组成的理想光路光学特性对分析设计电控液晶微透镜是有帮助的。

由理想光路的成像特性可知,若物空间中入射一条平行于光学系统光轴的光线,则在像空间必有一条与之共轭的光线,且与光轴交于一点,该点称为像方焦点,另外两共轭线交于一点,过该点垂直于光轴的平面为像方主平面,像方主平面与光轴的焦点为像方主点。同理,若像空间中入射一条平行于光学系统光轴的光线,则在物空间必有一条与之共轭的光线,且与光轴交于一点,该点称为物方焦点,另外两共轭线也交于一点,过该点垂直于光轴的平面为物方主平面,物方主平面与光轴的焦点为物方主点。物方主平面与像方主平面是一对共轭平面,两平面上的成像满足大小相等、方向相同的关系。经过物方焦点且垂直于光轴的平面为物方焦平面,它与无穷远处的像方垂轴平面共轭;经过像方焦点且垂直于光轴的平面为像方焦平面,它与无穷远处的物方垂轴平面共轭[129]。

在图 5 - 1 中,O_1 和 O_k 是理想光路的第一个面和最后一个面,FO_1O_kF' 是光轴,F 和 F' 分别是物方焦点和像方焦点,H 和 H' 分别是物方主点和像方主点,QH 和 QH' 分别是物方主平面和像方主平面,f 和 f' 分别是物方焦距和像方焦距。

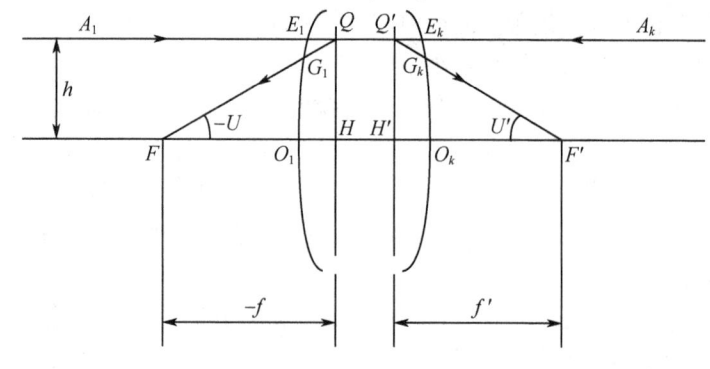

图 5 - 1 主点、主平面和焦距示意图

设入射平行光 A_1E_1 的高度为 h,其共轭光线 $Q'F'$ 与光轴的夹角为 U,则像方焦距为

$$f' = \frac{h}{\tan U'} \tag{5-1}$$

同理,可得物方焦距为

$$f = \frac{h}{\tan U} \tag{5-2}$$

常规成像透镜既可以成实像也可以成虚像,通常把由实际光线所成的像称

为实像,由实际光线的延长线所成的像称为虚像,实像都是倒立的,虚像都是正立的,实像可以用屏进行接收。用在成像中的透镜通常有平面镜、会聚透镜和发散透镜,通常也把对光线具有会聚作用的透镜称为正透镜,把对光线具有发散作用的透镜称为负透镜。正透镜是中心厚,由中心向边缘处逐渐变薄的一种透镜;而负透镜则是中心薄,由中心向边缘处逐渐变厚的一种透镜。若一束平行光以平行透镜光轴的方向输入正透镜,根据光的折射定律,光在正透镜的两个面上发生两次折射后,会聚到光轴上的一点,该点称为正透镜的焦点,因为透镜厚度相对于透镜到物体的距离来说可以忽略,所以透镜可以认为是薄透镜。目标物体所发射的反射光经透镜到达探测芯片上,探测芯片上的光敏材料把不同光强的光信号转换为电信号,再由 A/D 电路把模拟电信号转换为数字信号,经过图像处理芯片处理后即可得到相应的目标图像信息,这就是基本的成像过程。略微复杂一点的是探测芯片部分,它取代了感光胶片,传统的胶片上有一层感光介质,曝光后会发生化学反应,从而记录下物体的信息,而光敏探测芯片目的就是把拍摄物体的光信号转化为与图片信息相对应的电信号,以便于后期的复杂图像处理。但成像系统中的光路部分仍然遵循透镜的成像规律。

图 5-2 和图 5-3 分别给出了正透镜和负透镜理想光学系统的物像关系示意图,图中,u 为物距,v 像距,在空气介质中有 $f' = -f$,AB 是目标物体,$A'B'$ 是实像或虚像。

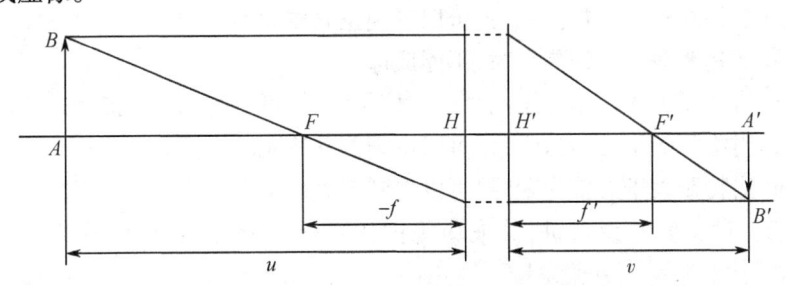

图 5-2 正透镜物像关系示意图

透镜成像满足的成像公式如下[135]。

对于实像,有

$$\frac{1}{u} + \frac{1}{v} = \frac{1}{f} \qquad (5-3)$$

对于虚像,有

$$\frac{1}{u} - \frac{1}{v} = \frac{1}{f} \qquad (5-4)$$

式中:u 为物距;v 为像距。

(1) 对于正透镜来讲,其成像规律可以分为以下几种情况。

(a) 实物成虚像

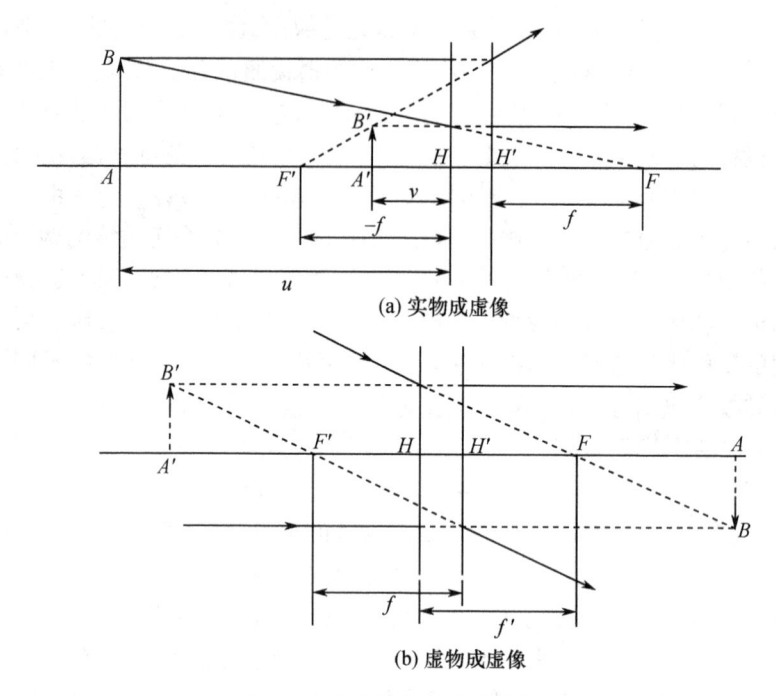

(b) 虚物成虚像

图 5-3 负透镜物像关系示意图

① 当物距小于一倍焦距时,可以得到正立放大的虚像。
② 当物距等于一倍焦距时,不能成像。
③ 当物距大于一倍焦距而小于二倍焦距时,可以得到倒立放大的实像。
④ 当物距等于二倍焦距时,可以得到倒立等大的实像。
⑤ 当物距大于二倍焦距时,可以得到倒立缩小的实像。

（2）对于负透镜来讲,其成像规律比正透镜要复杂,可以分为以下几种情况。

① 当物体为实物时,可以得到正立缩小的虚像,物与像在透镜的同一侧。
② 当物体为虚物时,物距小于一倍焦距,可以得到正立放大的实像,物与像在透镜的同一侧。
③ 当物体为虚物时,物距等于一倍焦距,在无穷远处成像。
④ 当物体为虚物时,物距大于一倍焦距小于二倍焦距,可以得到倒立放大的虚像,物和像在透镜的两侧。
⑤ 当物体为虚物时,物距等于二倍焦距,可以得到与物体同等大小的虚像,物和像在透镜的两侧。
⑥ 当物体为虚物时,物距大于二倍焦距,可以得到倒立缩小的虚像,物和像在透镜的两侧。

5.2 双模一体化液晶微透镜阵列

5.2.1 会聚发散功能一体化微透镜的电极设计

在有些应用场合往往需要具有对入射光进行发散作用的负透镜,如在抗强光干扰情况下,要先对光线进行扩散以降低单位面积内的光强,然后再进行后续光处理,又如在摄影系统中,为了使镜头具有大孔径和大视场,通常采用多个负透镜和正透镜胶合的透镜组。另外,为了消除像差也经常要用到负透镜,可以说负透镜在整个光学系统中是不可或缺的重要元件。在前述章节中所提出的液晶微透镜在加电状态下都具有会聚光线的功能,即相当于正透镜功能,本节提出了既能实现正透镜会聚功能又能实现负透镜发散功能的光会聚发散功能一体化液晶微透镜阵列结构[88]。

图5-4给出了光会聚发散功能一体化液晶微透镜阵列结构示意图。图5-4(a)是整个液晶微透镜结构的剖面图,图5-4(b)是双层图案化电极的三维立体图。该透镜由上下玻璃衬底、玻璃间隔子、ITO透明电极层、PI定向层和向列液晶层组成。下玻璃衬底的ITO透明电极作为基极,上玻璃衬底上有两层电极作为控制电极,为了防止两层电极间产生相互干扰,用几百微米的SiO_2层隔离开,其中的一层为平板电极,另一层为圆孔阵列电极,圆孔直径为$100\mu m$,圆孔间的距离为$250\mu m$,阵列规模可以扩大或缩小,主要取决于光敏探

(a) 液晶微透镜结构剖面图

(b) ITO图案化电极的三维立体图

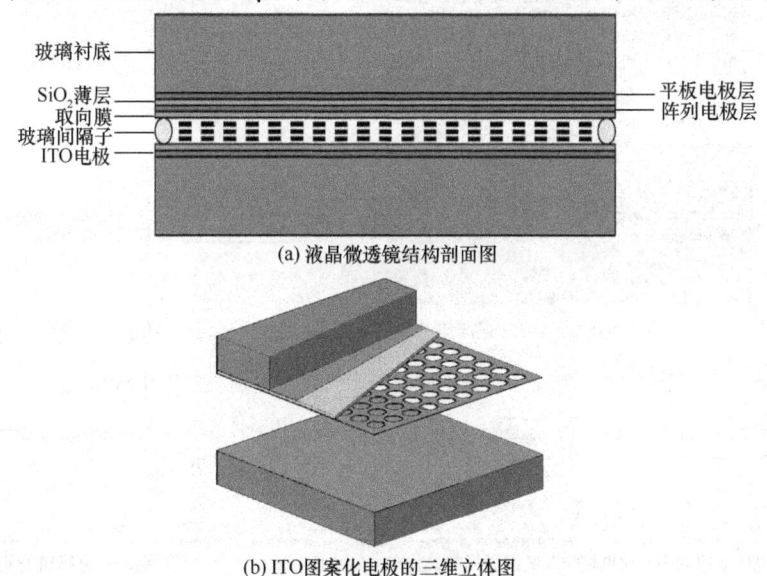

图5-4 双模一体化液晶微透镜阵列结构示意图

测芯片的大小及对分辨率的要求。如图5-4所示,基极电极和阵列电极层上附有PI定向层,玻璃间隔子的直径为50μm。

5.2.2 电控光会聚、发散的原理及特性

图5-5给出了电压加载到不同电极层时液晶微透镜的工作状态。图5-5(a)是电压加载到平板电极层时微透镜工作于正透镜状态;图5-5(b)是电压加载到阵列电极层时微透镜工作于负透镜状态。图5-6是从分子指向矢的角度出发给出了单圆孔图案化电极在不同加载电压下指向矢的分布情况,液晶层中分子指向矢的偏摆角度 θ 是由加载的电压幅值大小决定的,电压越大偏摆角度 θ 就越大,由非常光折射率公式 $n_e(\theta) = n_o n_e/(n_e^2\sin^2\theta + n_o^2\cos^2\theta)^{1/2}$ 得知 $n_e(\theta)$ 会越小。当电压 V_1 加载到图案化电极层时,如图5-6(a)所示,圆孔中心区域的电压幅值最小,因而液晶分子的偏摆角度最小,此处非常光的折射率最大,从中心到圆孔边缘电压幅值逐渐变大,偏摆角度也跟着变大,折射率却变小,过圆孔边缘后电压幅值最大且不再变化,这时的偏摆角度已经达到最大,折射率则最小,可以看出折射率从中心到边缘是呈梯度分布的,这是因为折射率的这一变化规律导致了液晶微透镜对入射光具有会聚作用。当电压 V_2 加载到平板电极层时,如图5-6(b)所示,此时情况与图(a)正好相反,对应平板的圆孔中心区域

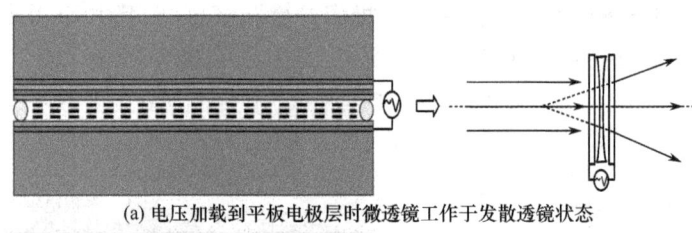

(a) 电压加载到平板电极层时微透镜工作于发散透镜状态

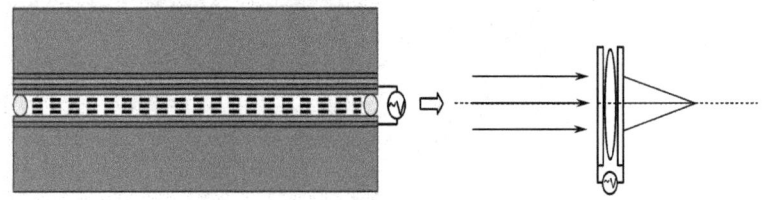

(b) 电压加载到阵列图案化电极层时微透镜工作于会聚透镜状态

图5-5 电压加载到不同极板上时液晶微透镜的工作状态

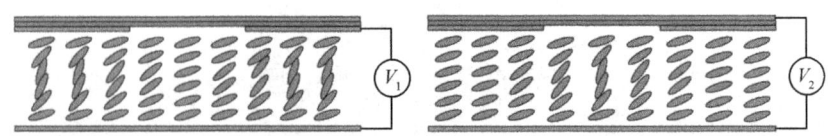

(a) 电压加载到图案化电极层时的液晶指向矢分布　　(b) 电压加载到平板电极层时的液晶指向矢分布

图5-6 电压加载到不同电极层时液晶指向矢的分布情况

的电压幅值最大,因而液晶分子的偏摆角度最大,此处非常光的折射率最小,由于受图案化电极层的影响,导致从中心到圆孔边缘电压幅值逐渐变小,偏摆角度也跟着变小,折射率却变大,过圆孔边缘后电压幅值最小且不再变化,这时的偏摆角度已经达到最小,折射率则最大,折射率的这一变化规律导致了液晶微透镜对入射光具有发散功能。若同时加载电压 V_1 和 V_2,当 $V_1 > V_2$ 时,这时圆孔内部的电压幅值大于圆孔外部的电压幅值,液晶微透镜工作于正透镜状态,当 $V_1 < V_2$ 时,这时圆孔内部的电压幅值小于圆孔外部的电压幅值,液晶微透镜工作于负透镜状态。另外,通过调节两电压幅值的大小关系,也可以起到调节微透镜焦距的作用。

为测试设计的光会聚发散功能一体化液晶微透镜阵列的光学性能,搭建图 5-7 所示的测试光路,图 5-8 是试验用摄像机和光束质量分析仪,测试用光源为白光源或激光,电极驱动电压信号频率为 1kHz,成像探测器为 CCD 相机(MVC3000)和光束质量分析仪(WinCamD),液晶材料为德国默克公司的 E44 向列相液晶,基本参数为 $K_{11} = 15.5 \times 10^{-12} \text{N}$、$K_{22} = 13.0 \times 10^{-12} \text{N}$、$K_{33} = 28.0 \times 10^{-12} \text{N}$、$\varepsilon_{//} = 22.0\varepsilon_0$、$\varepsilon_\perp = 5.2\varepsilon_0$。

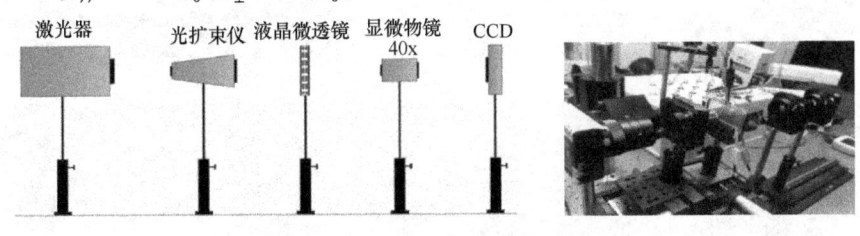

图 5-7 液晶微透镜测试光路图

(a) MVC3000   (b) 光束质量分析仪 WinCamD

图 5-8 试验用摄像机和光束质量分析仪

图 5-9(a) ~ (g) 是用光束质量分析仪拍摄的光会聚发散功能一体化液晶微透镜阵列工作在正透镜状态时,控制电压从 $V = 1.2V_{rms}$ 到 $V = 5.5V_{rms}$ 的聚焦过程。测试光源为白光源,图中间的是焦斑的平面图,图右上方的是焦斑能量分布的三维立体图,彩色标尺为输入光的能量标示,蓝色表示能量最低,越往上能量越高,图下方是焦斑的点扩展函数。当控制电压大于阈值电压 $V = 1.2V_{rms}$ 时,液晶分子开始摆动并对输入平行白光起会聚作用,随着电压的加大,微透镜的聚焦效果越来越强,当 $V = 5.5V_{rms}$,微透镜完全聚焦,分辨率也最高。当电压继续

升高时,会聚透镜会散焦。图 5-10 是正透镜阵列在不同加载电压下焦斑的点扩展函数,可以看出当电压幅值为 1.2V_{rms}时透镜阵列开始聚焦,焦斑形态不明显,随着电压幅值的增大,透镜阵列的聚焦能力增强,焦斑尺寸越来越小,点扩展函数也越来越锐利,当电压幅值达到 5.5V_{rms}时完全聚焦,这时点扩展函数最锐利,其半高宽约为 10μm。

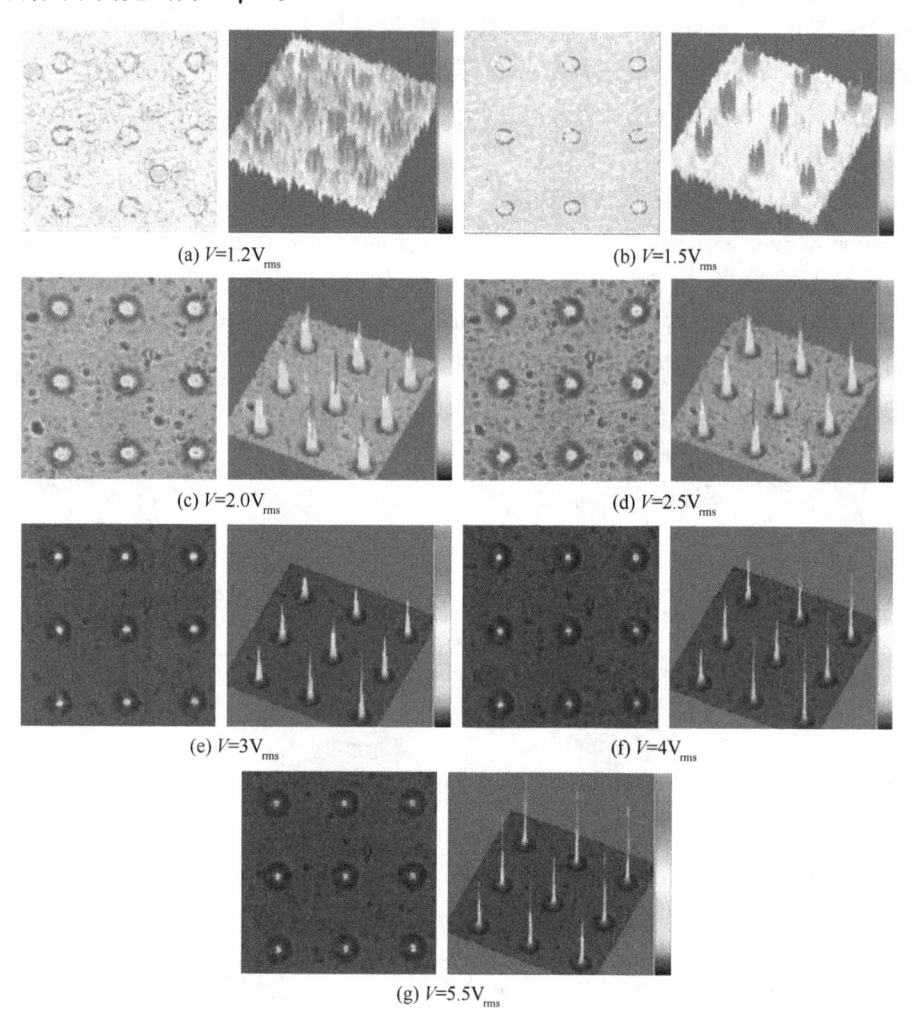

(a) V=1.2V_{rms}

(b) V=1.5V_{rms}

(c) V=2.0V_{rms}

(d) V=2.5V_{rms}

(e) V=3V_{rms}

(f) V=4V_{rms}

(g) V=5.5V_{rms}

图 5-9 正透镜阵列在不同加载电压下焦斑能态分布

图 5-11(a)~(e)是用光束质量分析仪所拍摄的控制电压加载到基极和平板电极层时,液晶透镜工作在负透镜状态下的测试结果,测试光源为白光源。当控制电压大于 34V_{rms},液晶负透镜开始作用,此电压幅值与两层控制电极之间的 SiO_2 隔离层的厚度有关,越薄电压就越低,试验中的厚度为 200~

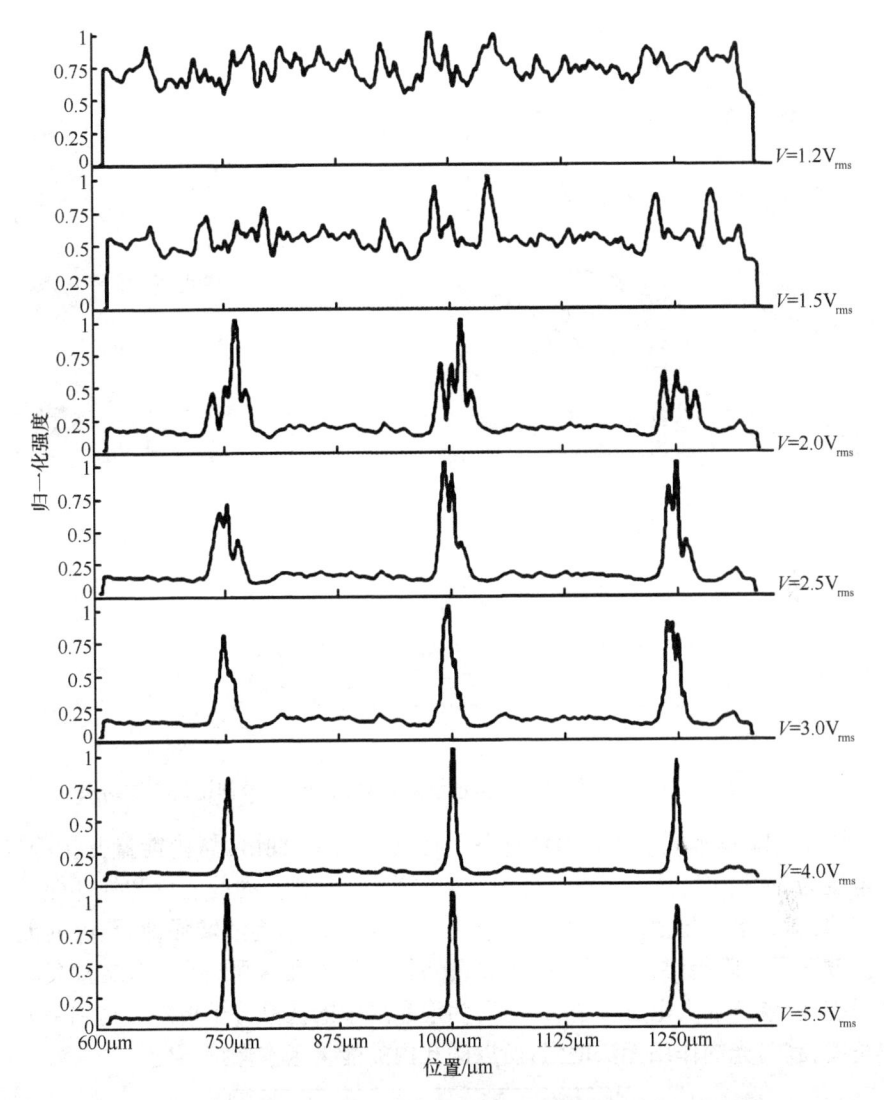

图 5-10　正透镜阵列在不同加载电压下焦斑的点扩展函数

300μm。图 5-11(a)是强平行白光入射,负透镜未作用时,探测器接受平面上的能量分布状况。随着电压的升高,会聚透镜开始工作,当 $V=50V_{rms}$ 时(实验室所能达到的最大峰值电压),液晶的发散功能最强,对平行入射光的发散能力也最大。在图 5-11(e)的左侧图中,红色的圆形区域内部为发散透镜工作区域,由能量的颜色分布可以看出,中间区域为绿色,而四周为高能量的红色圆环,也即由于负透镜对入射光的发散作用,把作用区域内部的光能量的一部分扩散到了外围,使圆形区域边缘的能量大于中心的平均能量而呈现出高能量的红色状态,这说明液晶微透镜是工作在负透镜状态。

(a) $V=34V_{rms}$

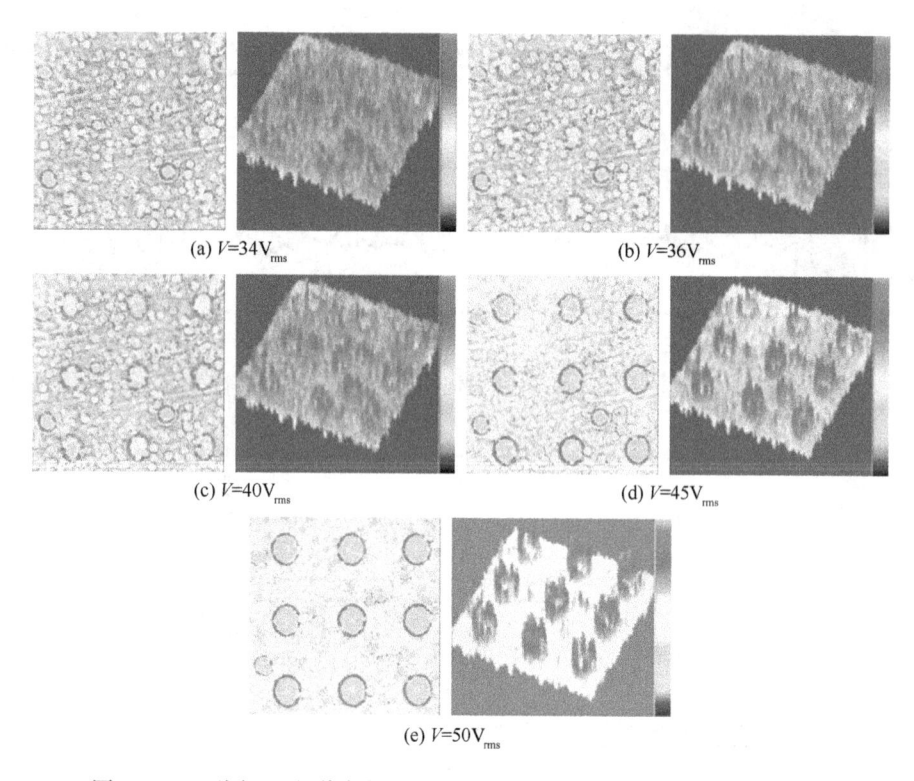

(b) $V=36V_{rms}$

(c) $V=40V_{rms}$

(d) $V=45V_{rms}$

(e) $V=50V_{rms}$

图 5-11 不同电压幅值条件下负透镜阵列对光产生发散作用的测试结果

图 5-12 是不同电压幅值条件下负透镜阵列中圆孔区域内能量变化趋势，当电压为 $34V_{rms}$ 时，液晶负透镜还没有起作用，这时圆孔内的能量和外部能量是相同的，随着电压幅值的增大，负透镜对光的扩散作用逐渐增强，圆孔内的能量因扩散而呈下降趋势，当电压达到 $50V_{rms}$ 时，扩散作用最强，圆孔内能量衰减的最厉害，若继续加大电压幅值，这时因为液晶层中的液晶分子指向矢达到最大偏摆角度，其对光的作用无法增强，所以圆孔内的能量基本保持不变。

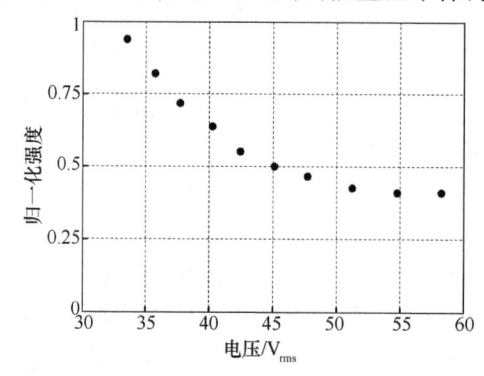

图 5-12 不同电压幅值条件下负透镜阵列中圆孔区域内的能量变化趋势

5.3 复合电控液晶微透镜阵列

5.3.1 微透镜阵列复合结构的设计依据

在实际应用中,单个液晶微透镜在给定最大电压幅值下其调焦范围是有限的,为了进一步提高调焦范围,就必须加大电压或液晶层的厚度,但电压提高后对电源驱动装置提出了更高的要求,当电压幅值超出设计的限值时,各元器件的耐压性能往往达不到要求就需要重新选择,整个电源驱动模块都要进行重新设计,所以在给定电源驱动模块条件下要提高调焦范围必须在其他方面考虑。加大液晶层的厚度虽然对提高调焦范围有所帮助,但同时也加大了液晶的响应时间,这种方法是不可取的。传统的用于远距离摄影的长焦距镜头,它的焦距可以在一定范围内连续改变,能在拍摄固定目标的情况下,获得连续地改变画面景像比例的效果。这种变焦镜的焦距是由多个透镜的焦距及其间的间隔所决定的,各透镜的焦距是固定不变的,只能通过调节透镜间的间隔来改变整个透镜组的焦距。在前面章节中已经知道液晶微透镜的最大特点就是可以通过控制电压幅值来调节焦距,这样就可以把多个液晶微透镜级联在一起,结构虽然固定但可以通过控制电压来调节各个微透镜的焦距,从而实现调焦整个系统的焦距。另外,在抗强炫光干扰的应用场合中,目标物被强外来光照射时在成像探测器上无法识别,为了能清楚地辨识目标,只能在成像前削弱一部分目标物的入射光能量,而在成像探测器的探测芯片前端是光学系统部分,也就是说光学系统部分既要起到削弱光强的作用又要达到聚焦成像功能,现已知道负透镜对光线有扩散作用而正透镜对光线有会聚作用,若把两种类型的透镜级联起来就可以实现上述目的,实现微透镜同时工作在光会聚发散两种工作模态下,基于以上思想,本节提出了双模电控复合液晶微透镜阵列的结构。

图 5-13 给出了复合结构液晶透镜调焦原理示意图。图 5-13(a)描述的是调节复合结构中负透镜的加载电压幅值时焦距的变化情况,图中 $O\phi$ 代表加载电压后其中一个微透镜工作于正透镜状态,$O\phi_1$ 代表加载电压后另一个微透镜工作于负透镜状态,虚线 $O\phi_2$ 代表调节加载到 $O\phi_1$ 上的电压幅值后新得到的负透镜,AB 为平行光轴的入射光线,若负透镜不工作,由于正透镜 $O\phi$ 的会聚作用使入射光线发生偏折与光轴交于正透镜 $O\phi$ 的焦点 F,f 是正透镜 $O\phi$ 的焦距。现在有负透镜 $O\phi_1$ 作用,使入射到负透镜的光线 BC 产生发散,而交于光轴 F_1 点,反向延长 CF_1 光线交于 AB 于 Q_1 点,过 Q_1 点作光轴的垂线交于 H_1 点,则 H_1 是加电后复合结构液晶微透镜的主点,F_1 是加电后复合结构液晶微透镜的焦点,f_1 是加电后复合结构液晶微透镜的焦距。若调节加载到负透镜 $O\phi_1$ 上的电

压幅值,使其加大得到新的负透镜 $O\phi_2$,由于负透镜的发散功能增强,原先的出射光线 CF_1 会向远离光轴的方向发生偏折交于光轴 F_2 点,反向延长光线 CF_2 交于 AB 于 Q_2 点,过 Q_2 点作光轴的垂线交于 H_2 点,则 H_2 是调节负透镜电压幅值后复合结构液晶微透镜新的主点,F_2 是调节调节负透镜电压幅值后新的焦点,f_2 是调节负透镜电压幅值后新的焦距。从图中可以看出,增大负透镜电压幅值时复合结构的焦距是变大的,说明通过调节电压幅值是可以调节复合结构焦距的,也即达到了电控调焦的目的。

图 5-13(b)描述的是调节复合结构中正透镜的加载电压幅值时焦距的变化情况,图中 $O\phi$ 代表加载电压后其中一个微透镜工作于负透镜状态,$O\phi_1$ 代表加载电压后另一个微透镜工作于正透镜状态,虚线 $O\phi_2$ 代表调节加载到 $O\phi_1$ 上的电压幅值后新得到的正透镜,AB 为平行光轴的入射光线,若负透镜不工作,由于正透镜 $O\phi_1$ 的会聚作用,使入射光线发生偏折与光轴交于正透镜 $O\phi_1$ 的焦点 F_1,f_1 是正透镜 $O\phi_1$ 的焦距。现在有负透镜 $O\phi$ 的作用,使入射到负透镜的光线 BD 产生发散而交于光轴于 F_1' 点,反向延长 DF_1' 光线交于 AB 于 Q_1 点,过 Q_1 点作光轴的垂线交于 H_1 点,则 H_1 是加电后复合结构液晶微透镜的主点,F_1' 是加电后复合结构液晶微透镜的焦点,f_1 是加电后复合结构液晶微透镜的焦距。若调节加载到正透镜 $O\phi$ 上的电压幅值使其减小得到新的正透镜 $O\phi_2$,由于正透镜的会聚功能减弱,原先的出射光线 BC 会向远离光轴的方向发生偏折交于负透镜与 D 点,若没有负透镜作用,则光线 BD 会交于光轴于 F_2 点,F_2 其实就是调节电压幅值后新得到的正透镜 $O\phi_2$ 的焦点,f_2 是其焦距,但现在有负透镜 $O\phi$ 的作用,光线 BD 会向偏离光轴的方向发散且与光轴交于 F_2' 点反向延长光线 DF_2' 交于 AB 于 Q_2 点,过 Q_2 点作光轴的垂线交于 H_2 点,则 H_2 是调节正透镜电压幅值后复合结构液晶微透镜新的主点,F_2' 是调节负透镜电压幅值后新的焦点,f_2' 是调节正透镜电压幅值后新的焦距。从图中可以看出,减小正透镜电压幅值时复合结构的焦距是变大的,说明通过调节电压幅值是可以调节复合结构焦距的,也即达到了电控调焦的目的。

综合图 5-13(a)和图 5-13(b)可以看出,调节复合结构中的正透镜或负透镜的加载电压幅值都可以使焦距发生改变,即达到了电控调焦的目的。

因为加电后的复合液晶微透镜相当于是常规的两个同轴正透镜和负透镜的组合,可以用光组组合原理对其焦距变化性质进行分析,如图 5-14 所示,H 和 H' 分别为复合结构的物方主点和像方主点,F 和 F' 分别是复合结构的前后焦点,H_1、H_1' 和 f_1 分别是第一个透镜的物方主点、像方主点和焦距,H_2、H_2' 和 f_2 分别是第二个透镜的物方主点、像方主点和焦距。QH 为复合结构的物方主面,$Q'H'$ 为复合结构的像方主面,在物空间作平行于光轴的光线 AQ_1,经第一透镜折射后交于第二透镜于 R_2,相应等高的像方主面上的点为 R_2',光线 $R_2'F'$ 交于光轴于

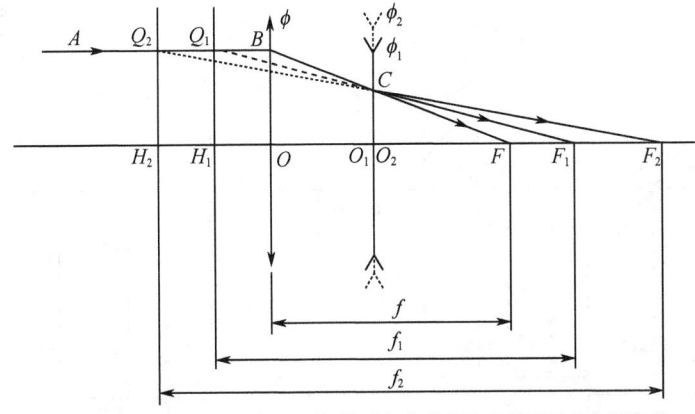

(a) 调节负透镜电压幅值时复合结构液晶微透镜的焦距变化

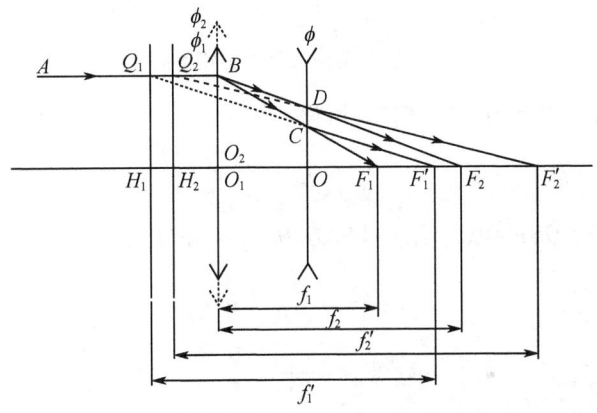

(b) 调节正透镜电压幅值时复合结构液晶微透镜的焦距变化

图 5-13　复合结构液晶微透镜电控调焦原理示意图

F'、f 是复合结构的物方焦距。

由图 5-14 可知，F' 和 F'_1 对于第二个透镜是一对共轭点，根据牛顿公式有

$$x'_F = -f_2 \frac{f'_2}{\Delta} \tag{5-5}$$

$$\Delta = d - f'_1 + f_2 \tag{5-6}$$

同理可求得

$$x_F = \frac{f_1 f'_1}{\Delta} \tag{5-7}$$

由于 $\triangle Q'H'F' \sim \triangle N'_2 H'_2 F'_2$ 和 $\triangle Q'_1 H'_1 F'_1 \sim \triangle F'_1 F_2 E_2$，可得

$$\frac{-f'}{f'_2} = \frac{Q'H'}{H'_2 N'_2} \tag{5-8}$$

$$\frac{f_1}{\Delta} = \frac{Q_1 H_1}{F_2 E_2} \tag{5-9}$$

97

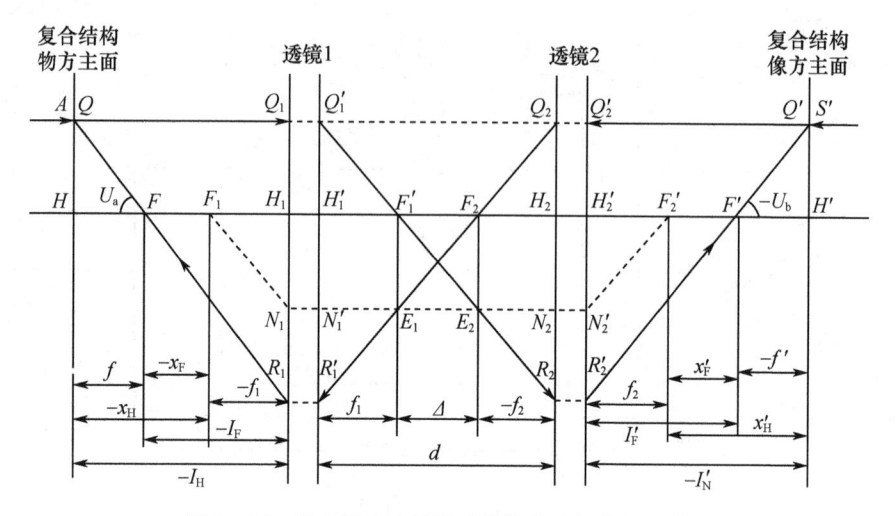

图 5-14 复合结构液晶微透镜等效几何分析光路图

因 $Q'H' = Q'_1H'_1$ 和 $H'_2N'_2 = F_2E_2$,可得

$$f' = -\frac{f'_1 f'_2}{\Delta} \tag{5-10}$$

同理,由于 $\triangle QHF \sim \triangle F_1H_1N_1$ 和 $\triangle Q_2H_2F_2 \sim \triangle F'_1F_2E_1$,可得

$$\frac{f}{-f_1} = \frac{QH}{H_1N_1} \tag{5-11}$$

$$\frac{-f_2}{\Delta} = \frac{Q_2H_2}{F'_1E_1} \tag{5-12}$$

因 $QH = Q_2H_2$ 和 $H_1N_1 = F'_1E_1$,故可得复合结构的焦距为

$$f = \frac{f_1 f_2}{\Delta} \tag{5-13}$$

复合结构的主点位置公式为

$$\begin{cases} x'_H = \dfrac{f'_2(f'_1 - f'_2)}{\Delta} \\ x_H = \dfrac{f_1(f'_1 - f_2)}{\Delta} \end{cases} \tag{5-14}$$

复合结构的垂轴放大率为

$$\beta = -\frac{f}{x_1 - x_F} = -\frac{f}{x_1 - f_1 f'_1/\Delta} = \frac{f_1 f_2}{f_1 f_2 - x_1 \Delta} \tag{5-15}$$

5.3.2 复合微透镜阵列的电极设计及光学特性

图 5-15 是电控复合液晶微透镜阵列的结构示意图及实物图,此结构由两个液晶微透镜组成,一个为常规的会聚液晶微透镜阵列用作正透镜,另一个是光

(a) 结构示意图　　　　(b) 微透镜原理样片

图 5-15　电控复合液晶微透镜的结构示意图及实物图

会聚发散一体化微透镜阵列用作负透镜,两个液晶微透镜可以用分子键合的方式连接起来。正透镜只有一层控制电极层,比负透镜少一层平板电极层。由于该复合结构是两个微透镜阵列的级联形式,若强炫光入射,由于负透镜的发散作用使入射光单位面积的光能量得以降低,再通过正透镜聚焦到探测芯片上成像,该结构特征使微透镜不但具有电控调焦特性,而且还具有抗强光干扰的功能。

图 5-16 是模拟强白光入射时用光束质量分析仪拍摄的测试结果,图 5-16(a)~(d)中的左子图是复合结构在不同强光下正透镜加电工作,负透镜不加电工作的聚焦情况,图 5-16(a)是最强光入射情况,背景色为高能量的红色,图 5-16(d)是最弱光入射情况,背景色为低能量的蓝色。从图可知,在最强光入射条件下,聚焦后焦斑和背景几乎能量相当无法分辨,随着入射光光强的减弱,焦斑和背景的能量对比度越来越大,焦斑能态分布也越来越锐利,这时分辨率是提高的。右子图是正负透镜同时加电工作的情况,从图中可知,负透镜对入射光进行扩散衰减后,焦斑的能量有所降低,衰减的能量被扩散到焦斑的四周,导致圆孔区域外的能量升高了,这一点可以从区域中的颜色变化得知。图 5-17(a)~(d)是

(a)　　　　　　　　　　　(b)

(c)　　　　　　　　　　　(d)

图 5-16　不同光强条件下复合电控液晶微透镜焦斑能态分布

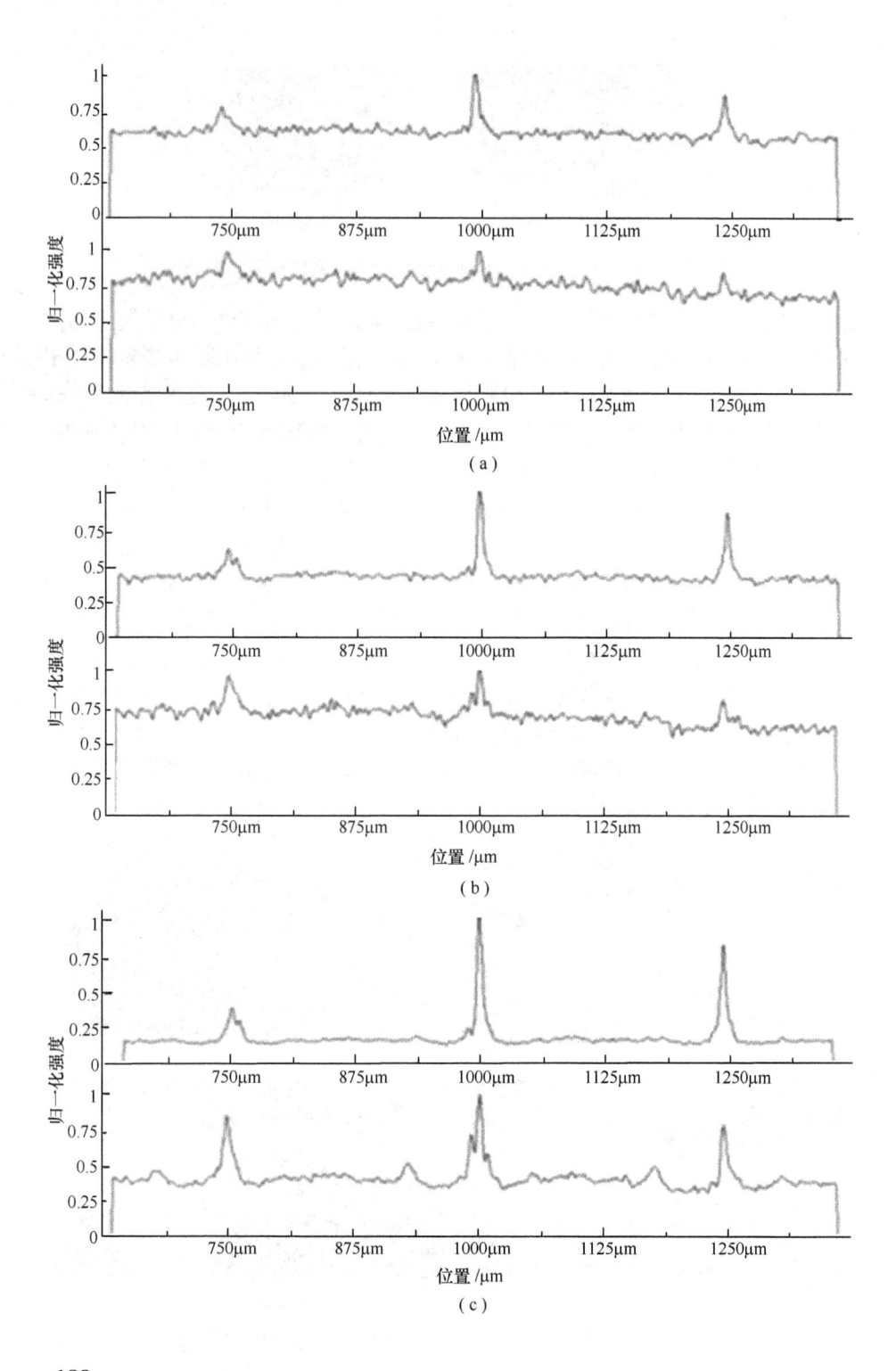

(a)

(b)

(c)

(d)

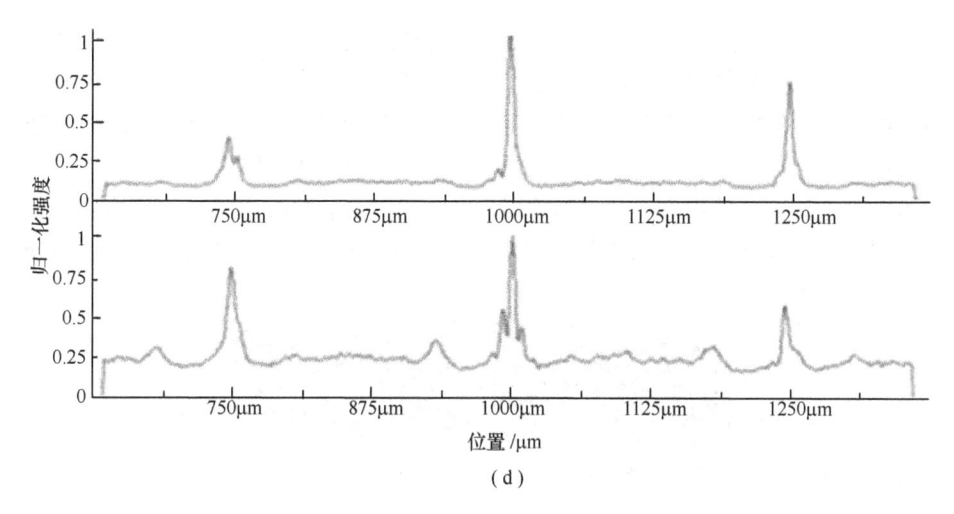

图5-17 不同光强条件下复合电控液晶微透镜焦斑的点扩展函数

与图5-16(a)~(d)相对应的焦斑的点扩展函数,上半图为没有负透镜作用,下半图是经过负透镜扩散后的结果,从图中结果分析,由于加了负透镜后,焦斑的半高宽变大了,说明能量被扩散了,致使背景的平均能量被提升了,这与图5-16所示的结果是一致的,平均能量的提升虽然对图像的均匀化有帮助,但会使焦斑和背景的对比度下降,也即分辨率下降,这是不期望的,下面以图5-18对其原因加以分析。

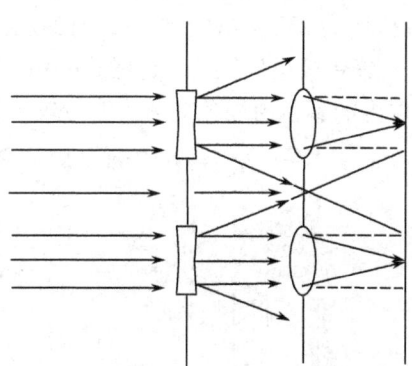

图5-18 复合液晶微透镜阵列加电状态下光线传播示意图

当平行光入射后,先经过负透镜阵列进行扩散衰减,部分光经正透镜阵列会聚后在探测器平面上被接受如图中的蓝色区域,但由于两个透镜之间存在一定的间距,使入射光扩散后的部分光线进入到正透镜阵列的ITO电极区域并和直接入射到此区域的光进行叠加,使该区域的光强得以提高,如图中的红色区域所示,在测试结果中表现为增加负透镜后背景的能量被提高。为了尽量减少部分扩散光的影响,可以有几种方法:最直接的办法是降低负透镜的加载电压以削弱它的扩散能力,但这与设计目的是相违背的;第二种方法是减小阵列图案中各单元间的间隔,使背景区域的面积减少,但这种方法受到刻蚀工艺的限制,另外如果间隔太小,各单元的电场分布将受到影响,无法形成折射率的梯度分布;比较切实可行的方法是减小两液晶层的间距,现有结构中的间距为两个玻璃衬底的厚度,为此对上述结构进行改进,设计了图5-19所示的改进型复合结构。在此结构中,两层液晶层之间采用了双面镀ITO透明电极的玻璃衬底,这样厚度就减为原来的1/2。

(a) 结构示意图　　(b) 微透镜原理样片

图5-19　改进型复合液晶微透镜阵列结构示意图及实物

图5-20是改进型复合结构液晶微透镜阵列电调焦测试结果。图5-20(a)是复合结构液晶微透镜阵列电控调焦原理。图5-20(b)是两个图案化电极层加载不同电压幅值时液晶透镜阵列的聚焦结果。当加载到负透镜上的电压幅值为$50V_{rms}$,而正透镜电压幅值为$0V_{rms}$时,可以看出负透镜圆孔区域内的颜色为绿色,区域四周为高能量的红色圆环,这是负透镜对入射到圆孔区域内的光进行扩散衰减所产生的效果。当加载到负透镜的电压幅值$V_{负}=50V_{rms}$不变,调节正透镜加载电压$V_{正}$,使其依次为$2V_{rms}$、$4V_{rms}$和$5V_{rms}$时的测试结果,可以看出当正透镜电压幅值为$5V_{rms}$时,聚焦效果最好。对比图5-19(a)、图5-19(d)两图可以看出,负透镜圆孔区域内的颜色由绿色变为了能量较低的蓝色,因为能量减少

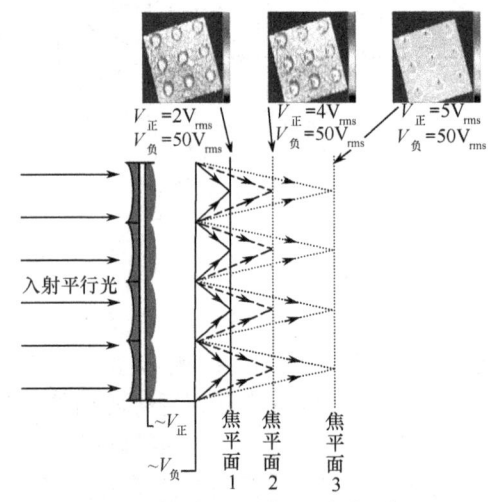

(a) 复合结构液晶微透镜阵列电控调焦原理

($V_\text{正}=0V_\text{rms}$, $V_\text{负}=50V_\text{rms}$)　　($V_\text{正}=2V_\text{rms}$, $V_\text{负}=50V_\text{rms}$)

($V_\text{正}=4V_\text{rms}$, $V_\text{负}=50V_\text{rms}$)　　($V_\text{正}=5V_\text{rms}$, $V_\text{负}=50V_\text{rms}$)

(b) 两个图案化电极层加载不同电压幅值时液晶透镜阵列的聚焦结果

图 5-20　复合结构液晶微透镜阵列电调焦测试结果

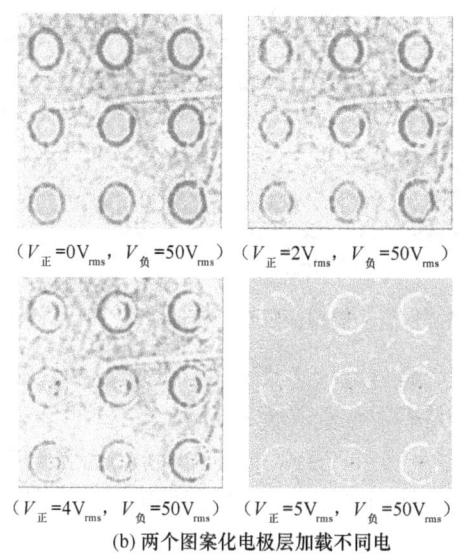

的部分被会聚到了焦斑上,同时红色的圆环也变为能量低一级的黄色圆环,说明部分圆环能量也被会聚到了焦斑上,这正是正透镜的会聚功能所致,同时可以看到背景的能量也有所下降,这使目标和背景的对比度是提高了,也即目标的分辨率提高了,这正是设计的预期效果。

为了测试改进型复合结构液晶微透镜的成像效果,用 CCD 相机拍摄了成像测试结果。正透镜加载电压 $V_\text{正}=5V_\text{rms}$,负透镜加载 $V_\text{负}=50V_\text{rms}$,图 5-21 是平行入射白光进行衰减后的聚焦图,图 5-22 是对目标字体的成像图,图 5-22(a)是未加负透镜的结果,图 5-22(b)是加了负透镜后的结果,可以看出未加负透镜时目标字体的强白光使它无法被识别,加了负透镜后,由于其对强光的扩散作用,降低了目标字体的光强,同时也降低了背景光强,提高了目标与背景的对比度,所以目标字体的轮廓可以显现出来,这和通过光束质量分析仪所得到的结果是一致的,说明该改进型复合结构液晶微透镜具有抗强光干扰的作用。

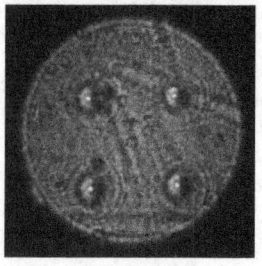

图 5-21　CCD 拍摄的平行白光源聚焦

(a) 未加负透镜　　　　(b) 加负透镜

图 5-22　微透镜复合结构的对汉字目标成像

　　由于本章所提出的微透镜结构具有多层电极或多层液晶,在复合结构中上下正负透镜阵列是否精确对位直接关系到整个结构的质量,目前在实验室的电子显微镜监控下,通过手动对齐定位孔方式,可以把精度控制在 $10\mu m$ 以内,另外可以进一步降低复合结构中正、反双面镀膜玻璃衬底的厚度,这对提高成像对比度是有帮助的。

第6章 电控可寻址仿生复眼液晶微透镜阵列

目前,具有仿生复眼功能的透镜在微显示器以及投影显示领域有着广泛的应用,其结构就是模拟昆虫复眼,如蜂眼和蝇眼(图6-1),在一块材料上同时集成几百几千个单眼,通过这种结构能够有效地计算观测目标的方位和距离,并迅速作出判断和响应。虽然昆虫复眼的分辨率一般比人眼低,但其时间分辨率却是人眼的十几倍,人眼每秒钟可以辨识大约24幅图像,但昆虫复眼却能分辨二百多幅图像,并且昆虫复眼的视野也比人眼的要大,这也就是为什么平时很难捕捉到蜻蜓和苍蝇的原因。图6-2是各种具有仿生复眼功能的透镜阵列[136],但可以讲它们还不是真正意义上的具有仿生复眼功能的透镜,要实现仿生复眼功能必须具备以下几个特征:能成多重图像,即具有多单眼结构;通光孔径可调节,类似瞳孔大小变化;可以实现调焦功能。图6-2中的透镜阵列实际上仅具备了第一个特征,即具有多单眼构造,可以成多重图像,但其通光孔径是固定的,而且焦距也是固定不可调的,这是常规玻璃透镜无法实现的功能。

图6-1 昆虫复眼结构

液晶微透镜阵列不但具有可成多重图像的仿生功能,其最大的特点是它的焦距是可以电控调节的,这使得该类型透镜具有很大的应用潜力。基于此,本章设计出了两种新型的液晶微透镜阵列。第一种是具有仿生复眼功能的通光孔径可切换的双层图案化电极液晶微透镜。以前的液晶微透镜阵列只有单一的通光孔径,在目标跟踪过程中往往需要粗搜索精识别,即快速搜索并锁定目标然后再

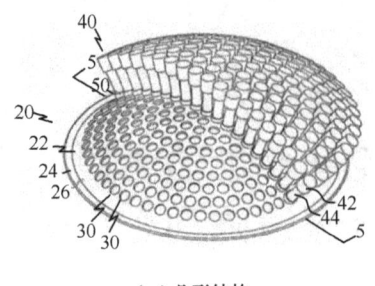

(a)凸形结构　　　　　　　(b)平面结构

图6-2　具有仿生复眼功能的透镜阵列

对目标进行精细识别,现有的单一尺寸的微透镜阵列已达不到要求,需要具有不同通光孔径尺寸的微透镜阵列来实现,据此设计出具有双通光孔径的层叠式电极的液晶微透镜阵列,可通过控制不同极板电压来选取不同的孔径阵列,即通过电控方式来实现对通光孔径的调节,并可以通过电压来调节焦距。第二种是可寻址分块阵列图案化电极液晶微透镜,这种透镜的图案化电极是由多行多列子块电极构成的,各子块电极分别是不同孔径的圆孔阵列电极图案,每个子块可以单独控制也可以电控寻址。这种类型的液晶微透镜不但具有电控调焦功能,而且对目标物成像时可获取该目标的不同姿态,这对通过平面图像来构建目标立体结构是很有意义的。另外,它也可以和电可寻址的液晶波谱器件集成,实现可同时获取目标物多个谱段的图像信息。

6.1　基于仿生应用的液晶微透镜阵列

6.1.1　微透镜阵列的结构特征

在第2章所设计的液晶微透镜都是单个单元的结构,为了实现能成多重图像功能的透镜就必须采用阵列式结构,而且当今微光学器件也越来越体现出微型化、阵列化、集成化和智能化的特征,为了充分利用光信息的并行特性,也要求采用规则排列的、密集的微透镜阵列,以达到对光信息进行传输和变换的目的。随着半导体微加工技术的迅猛发展,人们已经能够使用紫外、离子束等先进光刻技术制作出微米及纳米数量级的单元液晶微透镜,制作大规模的阵列化液晶微透镜已不存在技术问题,使得液晶光学元件向着微型和集成化方向发展。阵列化结构与单元结构相比有以下特性[133]。

(1)并行性。整个阵列由在水平方向和垂直方向上均匀分布的单个圆孔单元构成,每个单元互补干扰且可独立地实现光学传输功能,光学并行性是各单元所固有的特性,称为成像并行性。阵列中的每个单元都具有这种特性,并且各单元之间还存在元间并行性,即存在二维的并行微光路,它们能够对每个微光路分别进行相应的光传输、变换和成像。

(2) 非线性。对于单个圆孔的液晶微透镜,其对光信息的处理相当于对入射光进行线性变换的一个光学传递函数,满足系统的线性不变性。但在阵列结构中,各单元的光信息可以相互叠加,使输入和输出之间不再保持相似性,改变了单元的线性不变性。

(3) 维数变化。阵列结构中的每个单元都是一个维数不变子系统,二维的图像信息通过单元结构处理转换后依然是二维的图像信息,但是如果经过阵列元件的处理转换后,像空间的维数就有可能发生改变,如 $n \times n$ 维的信息经过 $n \times n$ 的阵列变换后可能变为 $n^2 \times n^2$ 维的信息,维数是原来的 n^2 倍。

(4) 非独立性。对于阵列结构中的每个单元而言,其光路对光学信息的传输和变换是相当独立的,彼此间没有任何干扰。但对整个阵列结构来说,虽然各单元的光信息处理是独立的,但各阵列间的线性关系已不存在,不同阵列单元之间的光信息由于叠加和相关,所以不再保持独立性。

6.1.2 液晶微透镜阵列的空间频谱成像特征

为了对阵列结构的光学特性进行分析,首先讨论单元微透镜的频率变换特性。因阵列中各单元的光轴相互平行且与整个透镜的主光轴平行,在选定参考坐标系时为便于计算分析,设光轴与 z 轴重合,物平面 x_0y_0 距液晶透镜前端面的距离为 d_0,其复振幅分布为 $U_0(x_0, y_0)$,像平面 x_1y_1 距透镜后端面的距离为 d_1,其复振幅分布为 $U_1(x_1, y_1)$,透镜前后端面的复振幅分布为 $U_1(x_1, y_1)$ 和 $U_1'(x, y)$,如图 6-3 所示。

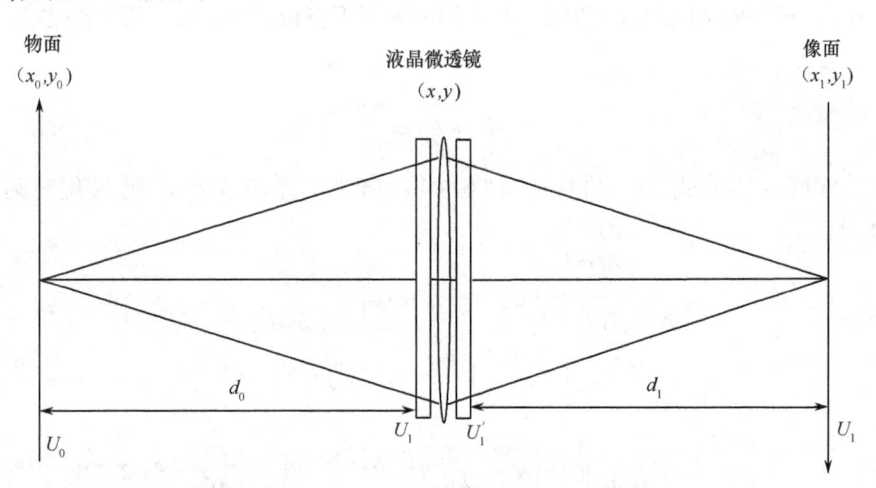

图 6-3 单圆孔液晶微透镜成像性质示意图

根据菲涅耳衍射公式可得[137]

$$\begin{aligned}U_l(x,y) &= \frac{1}{j\lambda d_0}\exp(jkd_0)\exp\left[j\frac{k}{2d_0}(x^2+y^2)\right]\cdot\iint\limits_{-\infty}^{+\infty}U_0(x_0,y_0)\\ &\times \exp\left[j\frac{k}{2d_0}(x_0^2+y_0^2)\right]\exp\left[-j\frac{2\pi}{\lambda d_0}(x_0x+y_0y)\right]\mathrm{d}x_0\mathrm{d}y_0\end{aligned}$$
(6-1)

因为具有变折射率分布的单圆孔液晶微透镜对光线具有会聚作用,它的功能相当于一个凸透镜,所以液晶微透镜的复振幅透过率可写成

$$t(x,y) = P(x,y)\exp\left[-j\frac{k}{2f}(x^2+y^2)\right] \qquad (6-2)$$

式中:$P(x,y)$为微透镜的光瞳函数;f为透镜焦距。

微透镜的后端面的透射场分布为

$$U'_1(x,y) = U_l(x,y)t(x,y) \qquad (6-3)$$

再次用菲涅耳衍射公式,可得

$$\begin{aligned}U_1(x,y) &= \frac{1}{j\lambda d_1}\exp(jkd_1)\exp\left[j\frac{k}{2d_1}(x_1^2+y_1^2)\right]\cdot\iint\limits_{-\infty}^{+\infty}U'_l(x,y)\\ &\times \exp\left[j\frac{k}{2d_1}(x^2+y^2)\right]\exp\left[-j\frac{2\pi}{\lambda d_1}(x_1x+y_1y)\right]\mathrm{d}x\mathrm{d}y\end{aligned} \quad (6-4)$$

根据点物成点像的原则,如果在微小区域内相位变化很小的条件下,则有以下近似,即

$$\exp\left[j\frac{k}{2d_0}(x^2+y^2)\right]\approx\exp\left[j\frac{k}{2d_0}\left(\frac{x_1^2+y_1^2}{M^2}\right)\right] \qquad (6-5)$$

式中:$M = \frac{d_1}{d_0}$为系统的放大倍数,因为相位因子不再依赖(x_0,y_0),可以略去。

如果选择d_1,使它满足

$$\frac{1}{d_0}+\frac{1}{d_1}=\frac{1}{f} \qquad (6-6)$$

并将式(6-1)~式(6-3)代入式(6-4),略去常数相位因子,通过化简则可得到

$$\begin{aligned}U_1(x_1,y_1) &= \frac{1}{\lambda^2 d_0 d_1}\iint\limits_{-\infty}^{+\infty}\left\{\iint\limits_{-\infty}^{+\infty}U_0(x_0,y_0)\exp\left[-j\frac{2\pi}{\lambda d_0}(x_0x+y_0y)\right]\mathrm{d}x_0\mathrm{d}y_0\right\}\\ &\times P(x,y)\exp\left[-j\frac{2\pi}{\lambda d_1}(xx_1+yy_1)\right]\mathrm{d}x\mathrm{d}y\\ &= \frac{1}{\lambda^2 d_0 d_1}\iint\limits_{-\infty}^{+\infty}G_0\left(\frac{x}{\lambda d_0},\frac{y}{\lambda d_0}\right)P(x,y)\exp\left[-j\frac{2\pi}{\lambda d_1}(xx_1+yy_1)\right]\mathrm{d}x\mathrm{d}y\end{aligned}$$
(6-7)

式中：G_0 为 U_0 的傅里叶变换，由于

$$\frac{1}{\lambda^2 d_0 d_1} \iint_{-\infty}^{+\infty} G_0\left(\frac{x}{\lambda d_0}, \frac{y}{\lambda d_0}\right) \exp\left[-j\frac{2\pi}{\lambda d_1}(xx_1 + yy_1)\right] dxdy = \frac{1}{M} U_0\left(-\frac{x_1}{M}, -\frac{y_1}{M}\right) \tag{6-8}$$

$$\iint_{-\infty}^{+\infty} P(x,y) \exp\left[-j\frac{2\pi}{\lambda d_1}(xx_1 + yy_1)\right] dxdy = h'(x_1, y_1) \tag{6-9}$$

式中：h' 为光瞳函数的傅里叶变换，对(6-7)运用卷积定理，得

$$U_1(x_1, y_1) = \frac{1}{M} U_0\left(-\frac{x_1}{M}, -\frac{y_1}{M}\right) * h'(x_1, y_1)$$

$$= \iint_{-\infty}^{+\infty} \frac{1}{M} U_0\left(-\frac{x'_0}{M}, -\frac{y'_0}{M}\right) h'(x_1 - x'_0; y_1 - y'_0) dx'_0 dy'_0 \tag{6-10}$$

并且，有

$$h' = \frac{1}{M} h \tag{6-11}$$

(x'_0, y'_0) 是理想像点的坐标，即

$$x'_0 = -Mx_0, \quad y'_0 = -My_0 \tag{6-12}$$

如果不考虑衍射效应的情况下，$P(x,y) = 1$，由(6-7)可得

$$U_1(x_1, y_1) = \frac{1}{M} U_0\left(-\frac{x_1}{M}, -\frac{y_1}{M}\right) = U_g(x_1, y_1) \tag{6-13}$$

由式(6-13)可知，脉冲响应为 δ 函数，即从点物可以得到严格的点像，像平面上倒立的像是物体的准确复现，并由放大率 M 决定大小。

从以上分析可知，单圆孔液晶微透镜成像系统实际上是一个线性空间不变系统，物像关系可以由卷积积分来确定。如果把物体看作是光源的集合，它们将在像平面上产生一系列以理性像点为中心的函数形式相同的加权的夫琅和费衍射斑，物体的像正是这些脉冲响应相干叠加的结果。由于像平面上衍射斑的重叠效应，像不再是物体的准确复现，而是平滑的变形，孔径越小变形越低。

以上讨论了单圆孔微透镜的频率变换特性，下面来分析孔径阵列的情况。设物平面上的复振幅分布为 $U_0(x_0, y_0)$，像平面上的复振幅分布为 $U(x,y)$，微透镜的阵列规模为 $m \times n$，单圆孔的直径为 $2a$，相邻孔径的间距为 b，阵列中第 (m,n) 个单元的中心坐标为 (mb, nb)，如图 6-4 所示[133]。

物点 (x_0, y_0) 经过液晶微透镜阵列后在像平面上的点 (x,y) 处的脉冲响应函数为

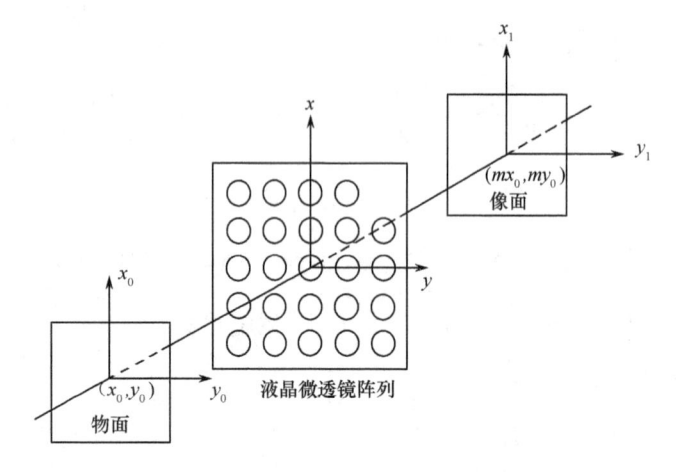

图 6-4 微透镜阵列的成像分析示意图

$$h(x-Kx_0, y-Ky_0) = \sum_{m,n} \frac{1}{j\lambda L} \exp\left(\frac{jk}{2KL}\{[(x-Kx_0)-(1-K)mb]^2 + [(y-Ky_0)-(1-K)nb]^2\}\right) \quad (6-14)$$

式中：$K = 1 - \frac{d_2}{f}$；$L = d_0 + d_1 - \frac{d_0 d_1}{f}$。

像平面上的复振幅分布为

$$U(x,y) = \iint U_0(x_0, y_0) h(x-Kx_0, y-Ky_0) \mathrm{d}x_0 \mathrm{d}y_0 \quad (6-15)$$

当物面和像面满足共轭条件时，即 $\frac{1}{d_0} + \frac{1}{d_1} = \frac{1}{f}$，脉冲响应函数为

$$h(x-Kx_0, y-Ky_0) = \sum_{m,n} \delta\{[(x-Kx_0)-(1-K)mb], [(y-Ky_0)-(1-K)nb]\}$$

由上式可知，物平面上的点源与像平面上的一系列光脉冲相对应，数量则是阵列的规模 $m \times n$ 个，这些点脉冲的中心位置为

$$\begin{aligned} x &= Kx_0 + (1-K)mb, \quad m = 1,2,3,\cdots,N \\ y &= Ky_0 + (1-K)nb, \quad n = 1,2,3,\cdots,N \end{aligned} \quad (6-16)$$

式中：K 为放大率，在像平面上可以得到与物平面上物体相似的图像。

当平行光入射即 $d_0 \to \infty$ 时，$K = 0$，像平面在焦面上，其图像是一个二维光点阵，

$$h(x,y) = \sum_{m,n} \delta(x-mb, y-nb) \quad m,n = 1,2,3,\cdots,N \quad (6-17)$$

点脉冲的中心位置为

$$x = mb, \quad m = 1,2,3,\cdots,N$$
$$y = nb, \quad n = 1,2,3,\cdots,N$$
(6-18)

6.2 空间分辨率可电调变的液晶微透镜阵列

6.2.1 双孔径液晶微透镜阵列的电极特征

原有的阵列结构中只有一层图案化电极,圆孔直径为单一固定值,为了满足应用中对不同通光孔径的需要,设计出了双层图案化电极结构,其结构如图6-5所示。

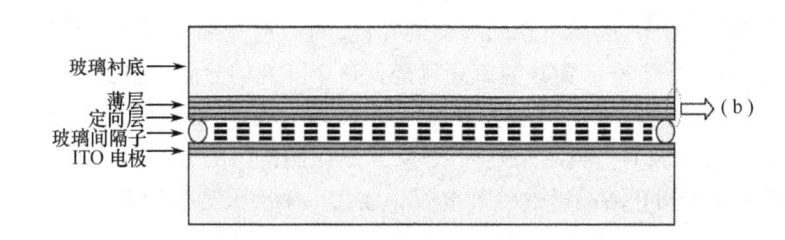

(a) 结构剖面图

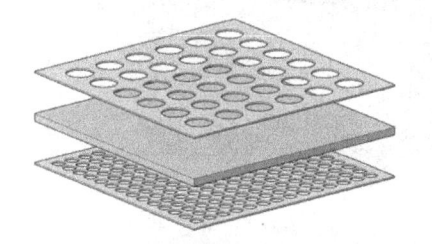

(b) 上玻璃衬底的双层图案化电极的三维立体图 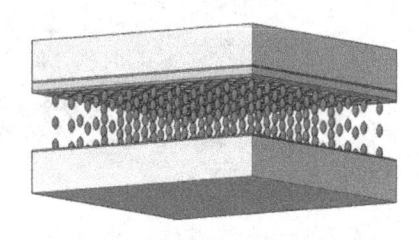　　(c) 通电状态下微透镜阵列的三维立体示意图

图6-5　双层图案化电极液晶微透镜阵列结构示意图

该液晶微透镜主要由上下玻璃衬底、图案化电极和液晶层组成。下玻璃衬底上电镀了一层ITO透明平板电极作为基极,上玻璃衬底上首先电镀一层ITO透明图案化电极,然后在此图案化电极上镀上一层厚度约几十微米的SiO_2层,再在SiO_2层上电镀一层ITO透明图案化电极,两层图案化电极被中间的SiO_2层严格绝缘并保持平行。两图案化电极都是圆孔阵列,阵列排列规则且单元间距相等,上层图案化电极的单圆孔直径为50μm,孔间距为80μm,下层图案化电极的单圆孔直径为100μm,孔径间距为300μm,液晶层厚度为50μm,液晶材料为Merck公司的E44。

6.2.2 双层图案化电极液晶微透镜阵列的光学特性

首先根据电磁场理论对单层图案化电极的电场分布进行了仿真,根据电位分布和液晶的介电常数,得到单层图案化电极阵列透镜的三维电场强度分布,如图 6-6 所示。从图中可以看出,电场分布排列规整,单元间互不干扰。单圆孔内部电场呈钟形的非均匀分布,中心处电势最低,从中心向外电势逐渐增大,在边缘处达到最大。电场的这种非均匀分布使液晶层中液晶分子的偏摆角度随位置的变化而改变,在圆孔边缘处液晶分子摆动幅度最大,指向矢几乎与电场线平行,这时的折射率为 n_o,在圆孔中心处的分子几乎不受影响而保持原态,折射率为 n_e,过渡区域的折射率则是和小型渐变折射率透镜相似的呈梯度分布的 $n_{eff}(\theta)$。加电状态下单圆孔的这种电场分布使它产生了和小型渐变折射率透镜相似的折射率分布,因而呈现凸透镜的功能,对入射光线具有会聚作用,把单个圆孔的折射率分布推广到其他单元就得到整个阵列的分布。仿真过程中只针对了单层图案化电极,因为两层图案化电极被 SiO_2 层严格绝缘而不发生电气关联,所以二层电极的仿真结果是一致的,只是控制电压的大小有所不同而已。图 6-7 所示为单圆孔液晶微透镜加电后等效为一个会聚透镜的效果图。

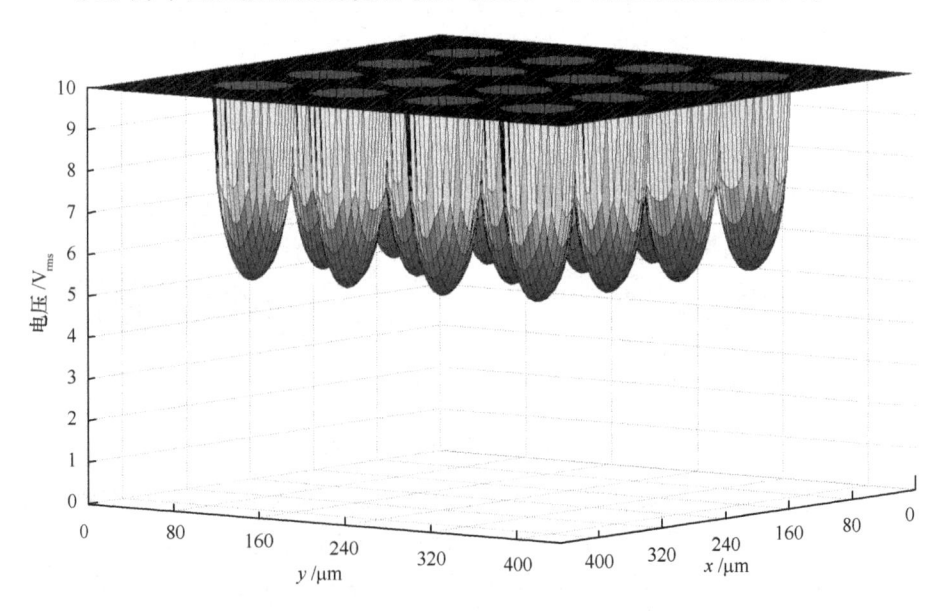

图 6-6 液晶微透镜电场分布三维仿真

为了对微透镜的光学性能进行测试,搭建了图 6-8 所示的光路图。试验中光源采用激光或白光源,激光经扩束镜后垂直入射到液晶微透镜平面,经过数十倍的显微物镜在成像探测器上成像,试验用成像探测器为 CCDCamera

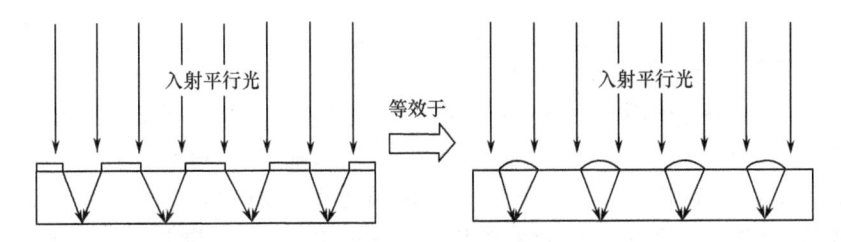

图6-7 圆孔液晶微透镜阵列加电状态下的等效图

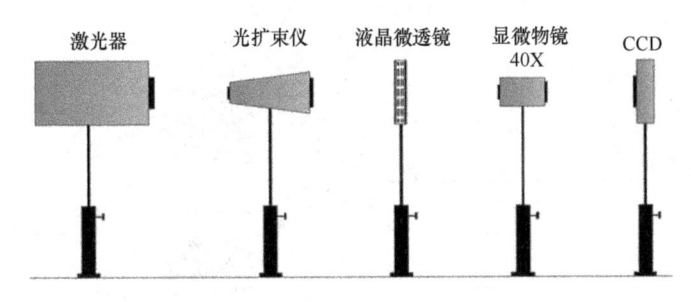

图6-8 液晶微透镜测试光路

(北京微视MVC3000)和光束质量分析仪WinCamD。各元件安装在导轨上,其光轴严格平行,它们之间的距离可以调节。液晶微透镜的控制电压为1kHz的方波信号。

图6-9是液晶微透镜阵列不同图案化电极层电控调焦过程,焦平面1是小孔径阵列在加载电压幅值为$5.5V_{rms}$时完全聚焦的位置,焦平面2则是大孔径阵

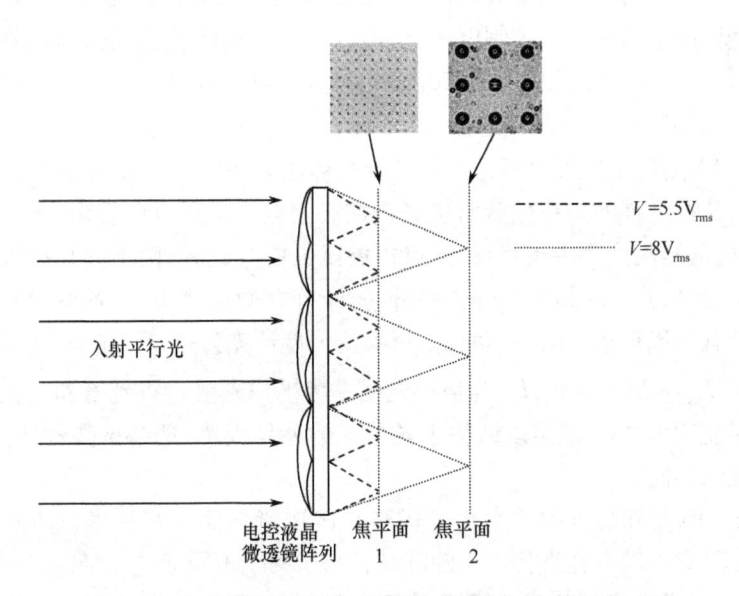

图6-9 液晶微透镜阵列不同图案化电极层电控调焦过程

列在加载电压幅值为 $8V_{rms}$ 时完全聚焦的位置,也就是说,调节电压可以使孔径阵列中的各子单元焦点在平行于光轴的方向移动,同一电压幅值对不同孔径来讲,其移动的距离也不同。图 6-10 是液晶微透镜阵列同一图案化电极层在加载电压分别为 $3V_{rms}$、$5V_{rms}$ 和 $8V_{rms}$ 时的调焦过程,随着电压幅值的增大,焦点在光轴上移动,焦斑尺寸也由小变大,点扩展函数越来越锐利,在电压达到 $8V_{rms}$ 时最锐利,焦斑的半高宽最小,这时阵列已完全聚焦,成像最清晰。

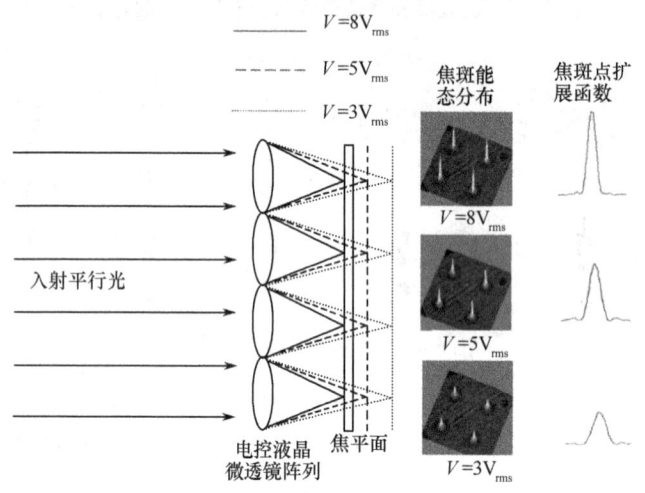

图 6-10 液晶微透镜阵列同层图案化电极电控调焦过程

图 6-11 是用光束质量分析仪拍摄的焦斑能态分布图。交流信号电压加到液晶微透镜的基极和一层控制电极上,连续调节电压幅值直到微透镜阵列完全聚焦,图 6-11(a)是孔径大小为 $50\mu m$ 的阵列在电压幅值等于 $5.5V_{rms}$ 时焦点分布的平面图和三维立体图。图 6-11(b)则是孔径大小为 $100\mu m$ 的阵列在电压幅值等于 $8V_{rms}$ 焦点分布的平面图和三维立体图。图 6-12 是对应图 6-11 的两个不同孔径阵列的归一化后的焦斑点扩展函数。从图可以看出,焦点排列规整,孔径内能量高度集中于焦点上,点扩展函数曲线锐利,两不同孔径阵列的焦斑半高宽分别为 $8\mu m$ 和 $8.3\mu m$。另外,对于阵列微透镜来讲,各单元性能的一致性也是微透镜很重要的一项指标,根据均匀性计算公式 $\sigma_{intensity}=(I_{max}-I_{min})/\bar{I}\times100\%$($I_{max}$ 为最大光强,I_{min} 为最小光强,$\bar{I}$ 为平均光强),得到不同孔径阵列的均匀性误差约为 9%,说明该结构中各单元的差异很小,透镜聚焦性能很强,有很好的成像功能。

图 6-13 是双层阵列图案化电极液晶微透镜与探测芯片集成的效果示意图。两个具有不同圆孔直径大小的阵列相当于两个不同通光孔径的阵列会聚透镜,上层为大通光孔径阵列,下层为小通光孔径,通孔对控制电压的切换可以灵

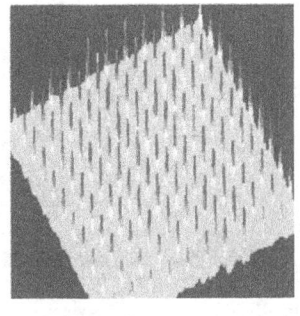

(a) 孔径尺寸为 50μm 的圆孔阵列图案化电极

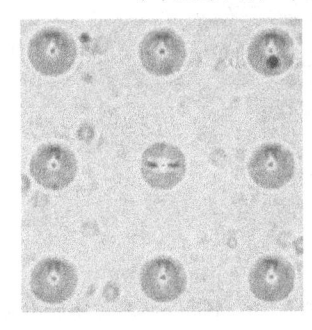

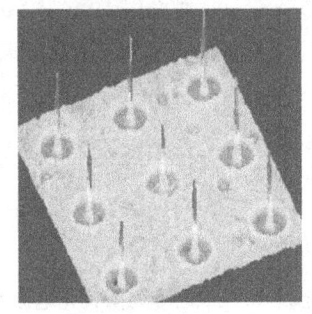

(b) 孔径尺寸为 100μm 的圆孔阵列图案化电极

图 6-11 焦斑能态分布平面图和三维立体图

(a) 孔径尺寸为 50μm

(b) 孔径尺寸为 100μm

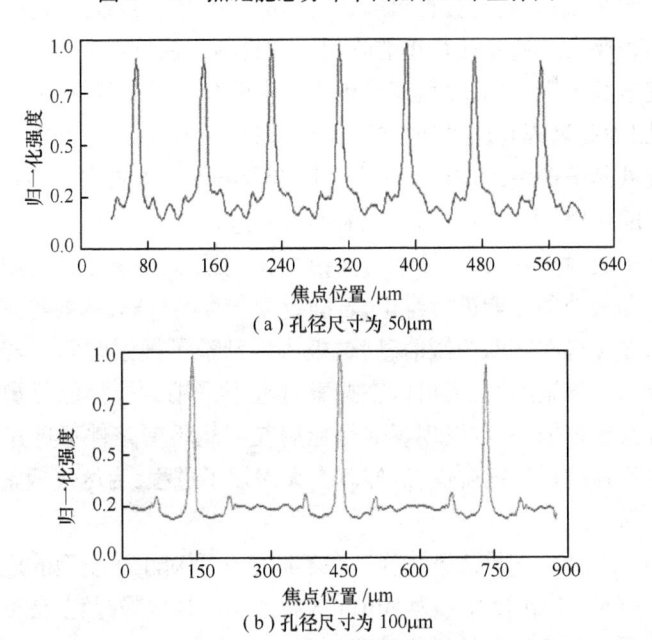

图 6-12 焦斑的点扩展函数

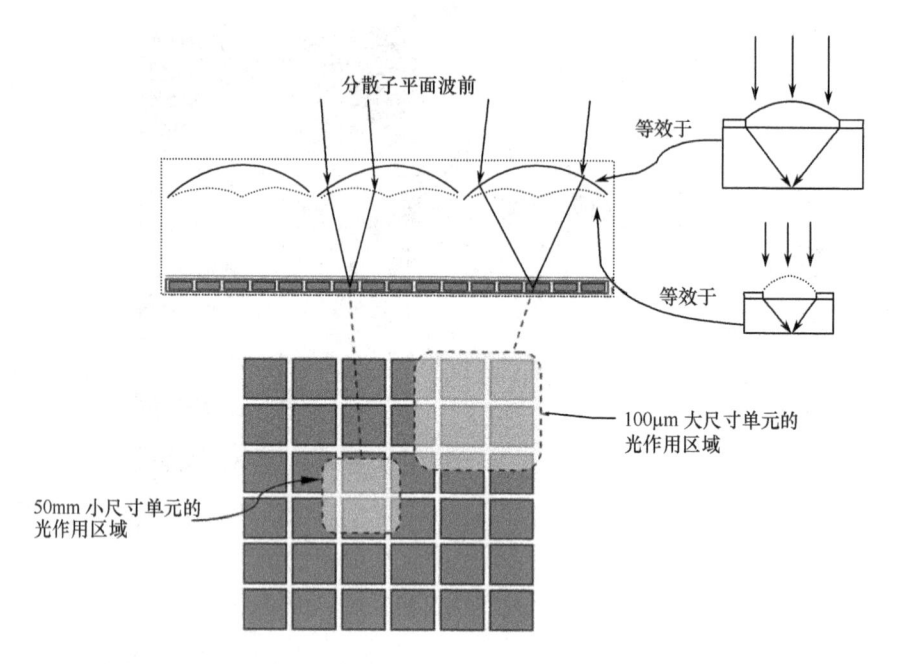

图 6-13 双层阵列图案化电极液晶微透镜与探测芯片集成示意图

活选取不同图案化电极阵列进行工作。当不同方向的平行光入射后被聚焦在探测芯片的不同区域,大通光孔径可以让更多的有效光线会聚在探测芯片上,且黄色的响应面积要大于通光孔径小的阵列。在目标跟踪过程中可以用大通光孔径阵列快速搜索和锁定目标,然后切换到小孔径阵列来提高目标的分辨率,实现细识别目的,因为此过程是通过切换控制电压来完成的,所以时间很短。双层阵列图案化电极液晶微透镜的这种通过电控改变分辨率的方式在卫星目标搜索中可以起到重要的作用,卫星搜索陆地或海面目标过程中,由于面积广、目标小,若采用单一分辨率透镜探测器,其搜索时间会很长,搜索到的图像信息要返回到地面进行相关的算法处理才能进行辨识,若确定为非真实目标,则要等到卫星的下一个扫描周期才能再次获取拍摄信息,这极大地延长了搜索时间。若采用分辨率可电控调节的微透镜阵列,则可以在搜索过程中采用大孔径低分辨率阵列对搜索区域进行快速扫描,一旦发现疑似目标后在视场不变条件下迅速切换到小孔径高分辨率阵列进行精细辨识,这样就大大缩短了进程,为尽快搜索到目标赢得了宝贵的时间。

图 6-14 给出了不同微透镜阵列在不同电压下对小车模型的成像过程。图 6-14(a1)-(a5)是孔径尺寸为 $50\mu m$ 的微透镜阵列成像过程,图 6-14(b1)-(b5)是孔径尺寸为 $50\mu m$ 的微透镜阵列成像过程。从图上可以看出,微透镜阵列可以对目标成多重图像,具有仿生复眼的功能。对于 $50\mu m$ 孔径阵列,当电压

大于$2V_{rms}$时微透镜开始产生会聚功能,对于$100\mu m$的孔径,此电压略大一点,约为$3V_{rms}$。随着电压幅值的增大,透镜的聚焦过程加强,当电压达到$6.5V_{rms}$和$8V_{rms}$时,两微透镜阵列的聚焦效果最佳,图像也最清晰。对比图6-14(a5)、(b5)可知,图6-14(a5)的像要比图6-14(b5)中的像要清晰,但不够完整,小车的尾部特征没有呈现出来,原因正如上文所分析的那样,这表明试验结果和微透镜结构设计是一致的。

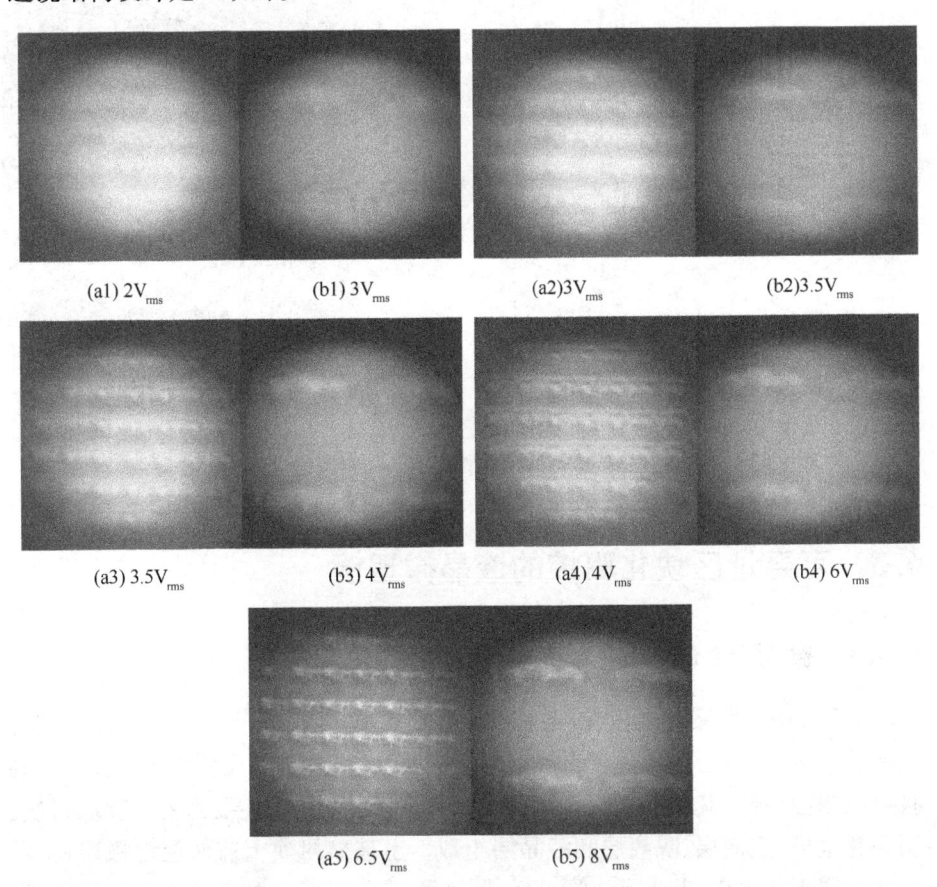

(a1) $2V_{rms}$ (b1) $3V_{rms}$ (a2) $3V_{rms}$ (b2) $3.5V_{rms}$

(a3) $3.5V_{rms}$ (b3) $4V_{rms}$ (a4) $4V_{rms}$ (b4) $6V_{rms}$

(a5) $6.5V_{rms}$ (b5) $8V_{rms}$

图6-14　$50\mu m$孔径和$100\mu m$孔径的微透镜阵列
在不同电压下对小车模型的成像过程

图6-15是液晶微透镜阵列对物光波不同频率成分的成像结果,CCD位于焦平面的位置,这里的衍射屏是微透镜阵列前的显微物镜,根据透镜的光学傅里叶频谱特性可知,物光波经过显微物镜后,由于物镜的频率转变作用,把物光波以不同频率成分按不同方向发射,中心区域为低频成分,发散角度越大频率越高,也就是所谓的0级、±1级、±2级等衍射级,这样微透镜阵列的不同位置单

元会对不同频率成分的物光波进行聚焦,并在 CCD 探测芯片上成像,而物体的细节辨识是由高频成分确定的,这就导致不同位置的成像清晰度是有所差别的,如图 6-15 所示,中心区域由低频成分所成的小车轮廓比较模糊,而外围的小车轮廓比较清晰,也就是说,液晶微透镜阵列同时可以得到物体不同频率成分的成像结果,这也证实了透镜的频率变换功能。

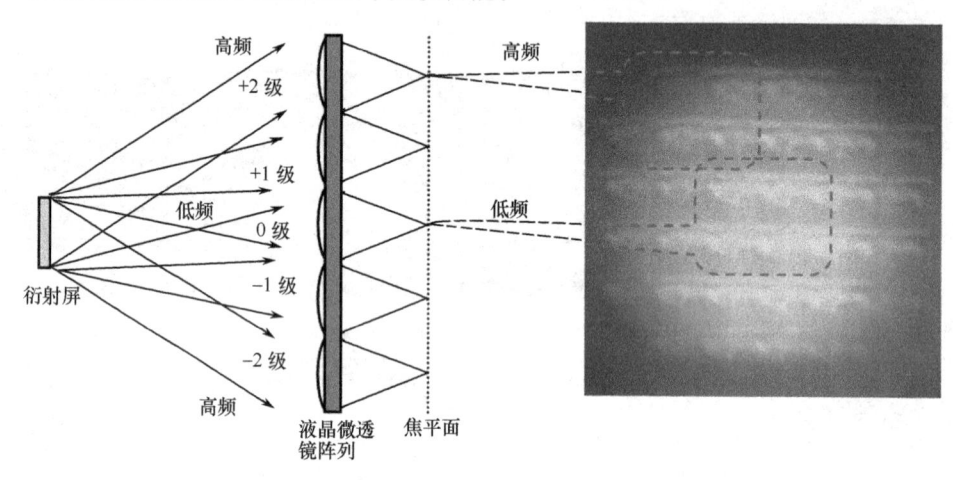

图 6-15 液晶微透镜阵列对物光波不同频率成分的成像结果

6.3 可寻址区块化驱控的液晶微透镜

6.3.1 微透镜的图案化电极设计

6.2 节中的图案化电极在同一层中孔径是相同的,本节给出了一种新型的图案化电极,同一层电极由多个阵列块组成,每个块是不同尺寸大小的圆孔阵列且可以单独控制,其结构如图 6-16 所示。该液晶微透镜主要由上下玻璃衬底、图案化电极、定向层、隔离层和液晶层组成。上玻璃衬底上有两层电极层,紧贴的是一层平板电极,其上是一层 SiO_2 隔离层,然后是分块阵列图案化电极层,两电极层都作为电源的控制电极。下玻璃衬底的一层平板电极作为电源基极接地。上、下玻璃衬底的相对电极层上都涂覆有一层定向层,两玻璃衬底被直径为 50μm 的玻璃间隔子隔开,中间灌注德国 Merck 公司的液晶材料 E44。图 6-16(b)所示为控制电极层的分块阵列图案化电极的平面示意图。4 个分块阵列都是圆孔阵列,其孔径直径分别为 100μm、150μm、200μm 和 250μm,块阵列间的相互间隔为 200μm。由于 4 个分块阵列为对称分布,如果旋转 90°,各分块位置可以相互替换。

(a) 液晶微透镜的剖面图

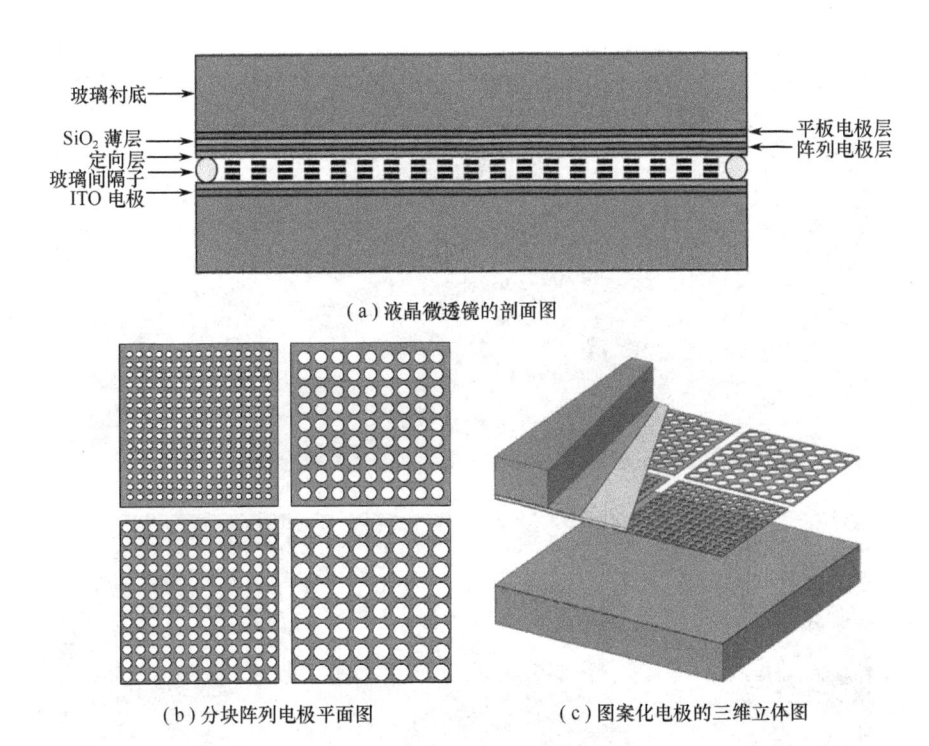

(b) 分块阵列电极平面图　　(c) 图案化电极的三维立体图

图 6-16　可寻址液晶微透镜阵列

6.3.2　可寻址液晶微透镜的光学特性

为了对微透镜的光学性能进行测试,试验中所搭建的光路测试图如图 6-8 所示。首先用白光源对分块圆孔阵列的聚焦特性进行了测试,由于 4 个分块圆孔阵列的结构相似,下面仅显示其中孔径尺寸为 100μm 的子阵列在不同电压下的聚焦过程,如图 6-17 所示。当大于阈值电压 $1.5V_{rms}$ 时,液晶微透镜阵列开始产生聚焦效应,当电压逐渐增大时液晶分子的偏摆幅度加大,聚焦效果也增强,当电压幅值达到 $5V_{rms}$ 时完全聚焦,这时微透镜的聚焦作用最强,焦斑尺寸最小,能量最高,如果进一步加大电压,微透镜就会出现散焦,图 6-17(f)是电压幅值为 $10V_{rms}$ 时所出现的散焦现象。

图 6-18 描述的是 4 个子阵列中各单元图案化电极与加载电压之间的关系,因为 4 个子阵列的单元图案都为圆孔形,所以焦距与加载电压的变化关系是一致的,随着电压幅值的增大,焦距会变小,也即越来越靠近透镜,这和第 3 章中所论述的原理是相同的。另外,在相同的电压幅值条件下,孔径越小焦距越小。在电压幅值大于 $12V_{rms}$ 时,若继续加大电压,焦距的变化比较缓慢,因为这时液晶层中液晶分子指向矢的偏摆角度已接近最大,所以折射率也不会再有太大的变化,这一电压阈值与孔径尺寸,液晶层厚度及液晶材料的介电参数有关。

(a) $0V_{rms}$

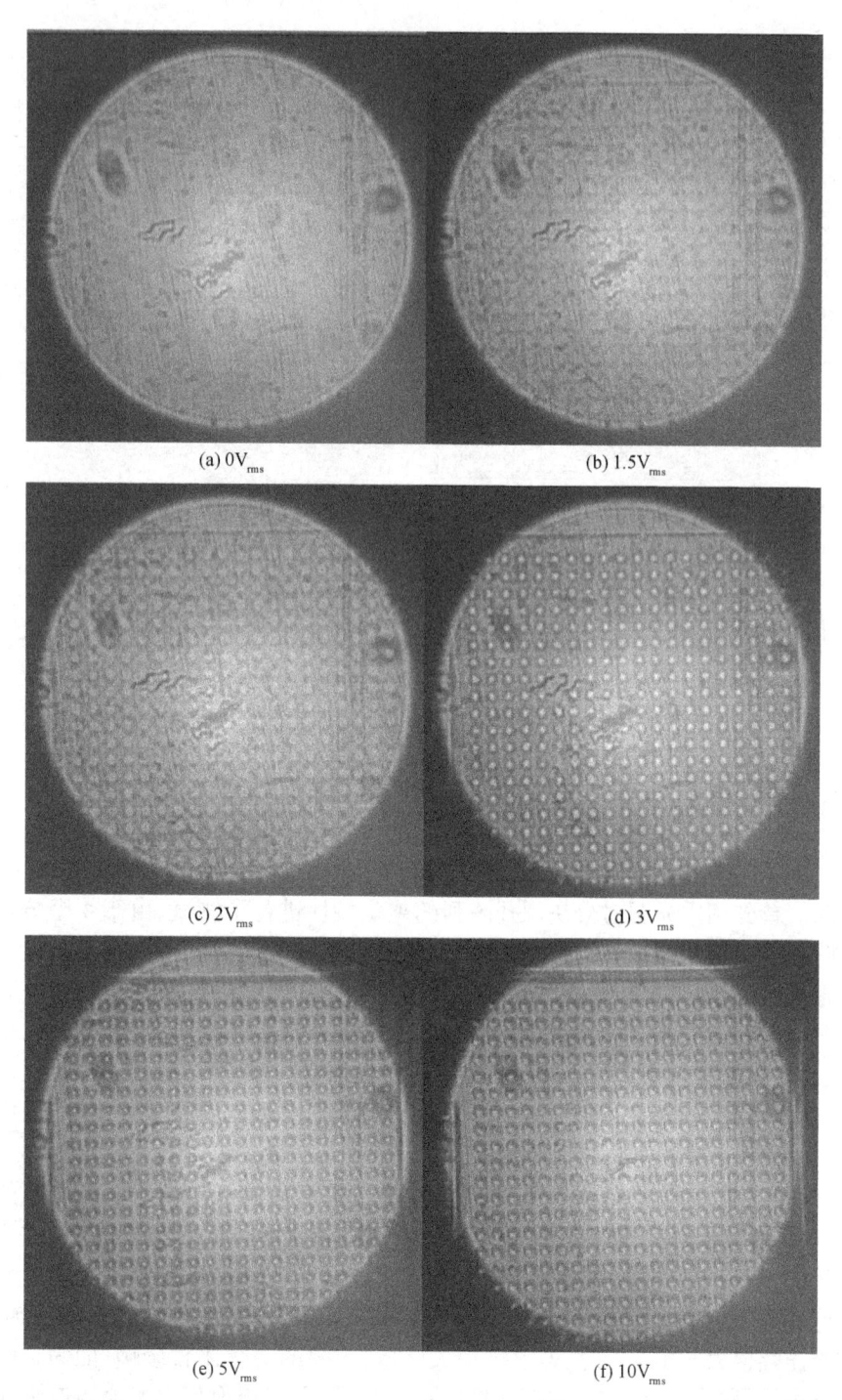

(b) $1.5V_{rms}$

(c) $2V_{rms}$

(d) $3V_{rms}$

(e) $5V_{rms}$

(f) $10V_{rms}$

图 6-17 孔径尺寸为 100μm 的子阵列图案化电极液晶微透镜在不同电压下的聚焦过程

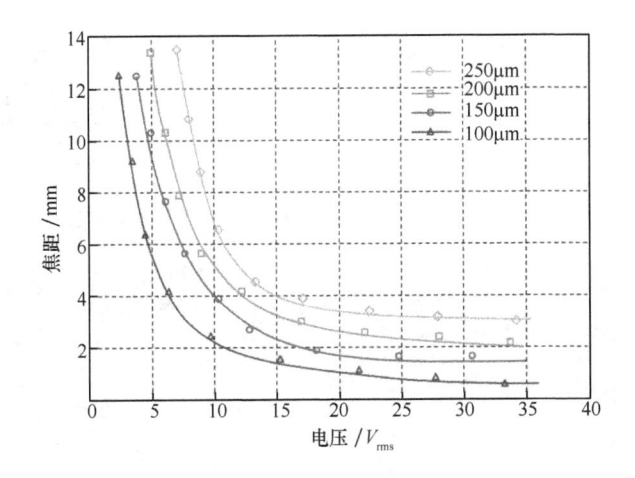

图6-18 不同尺寸圆孔的焦距与电压幅值关系

图6-19是4个分块圆孔子阵列聚焦图,图6-19(a)是焦点分布的平面图:左上是200μm子阵列,左下是250μm子阵列,右上是100μm子阵列,右下是150μm子阵列。图6-19(b)是焦点能量分布的三维立体图,其位置关系与图6-19(a)相对应。从图可以得知,各子阵列都可以单独控制且互不影响,各子阵列焦点能量分布集中说明焦距性能良好。图6-19(c)是4个分块阵列同时聚焦图,由于各分块阵列的圆孔尺寸不一样,所以聚焦时的控制电压幅值也不相同,其均方根值分别为5V、8V、12V和15V,各控制电压是共地的。

由于4个分块子阵列在控制平板电极层上的位置不同,并且被相互均匀分割开,它们对应于探测芯片的成像区域也是分开的。如果用此种与探测芯片集成的液晶微透镜相机对目标成像,对同一目标将在4个分块区域成不同的多重图像,不同区域所拍摄目标的姿态是不同的,这相当于用4种不同孔径的相机从4个不同方向对同一目标进行拍摄。不同多重图像之间的差异是很微小的,这与分块阵列之间的间隔以及相机与目标的距离有关。精确计算这些距离以及不同角度间图像的差异变化可以实现目标重构功能,这已在三维成像技术中得到了很好的应用。图6-20是4个分块子阵列获取目标不同姿态图像的原理示意图,4个子阵列相当于4个不同通光孔径的子相机,它们同时从4个不同方位对飞机进行拍摄,从而可以得到飞机的4个不同姿态图像,根据这些图像可以帮助构建飞机的三维立体结构。图6-21给出了4个分块圆孔子阵列液晶微透镜对实体目标成像图:图6-21(a)是对单个汉字目标的成像图;图6-21(b)是对羽毛球实物的成像图。从两图可以看出4个子阵列都可以对目标成清晰图像,图6-21(b)中各分块子阵列所拍摄的羽毛球图像存在细微差异,这是由于4个子阵列拍摄的角度不同造成的。

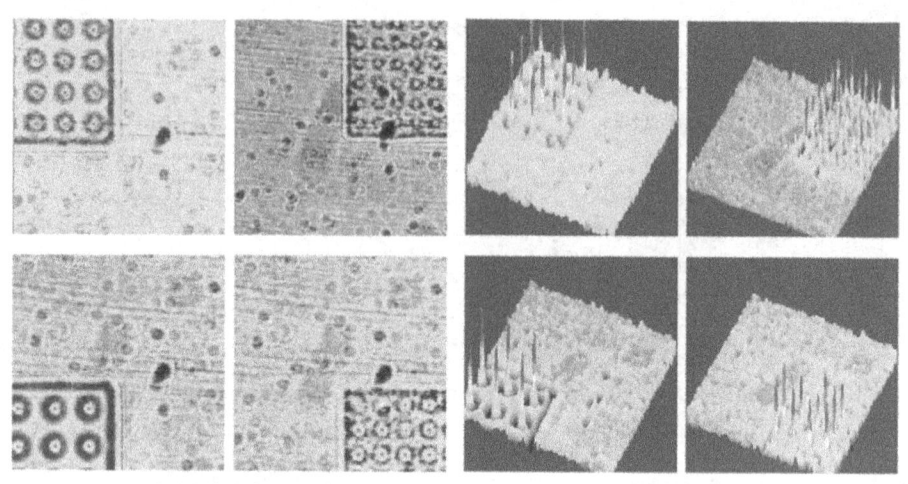

(a) 焦斑能态分布的平面图　　　　　　　　(b) 焦斑能态分布的三维立体图

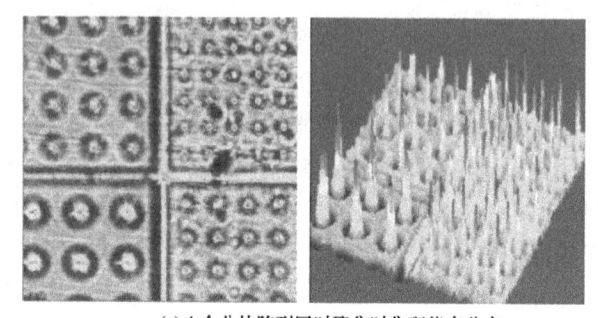

(c) 4个分块阵列同时聚焦时焦斑能态分布

图6-19　4个分块圆孔子阵列聚焦图

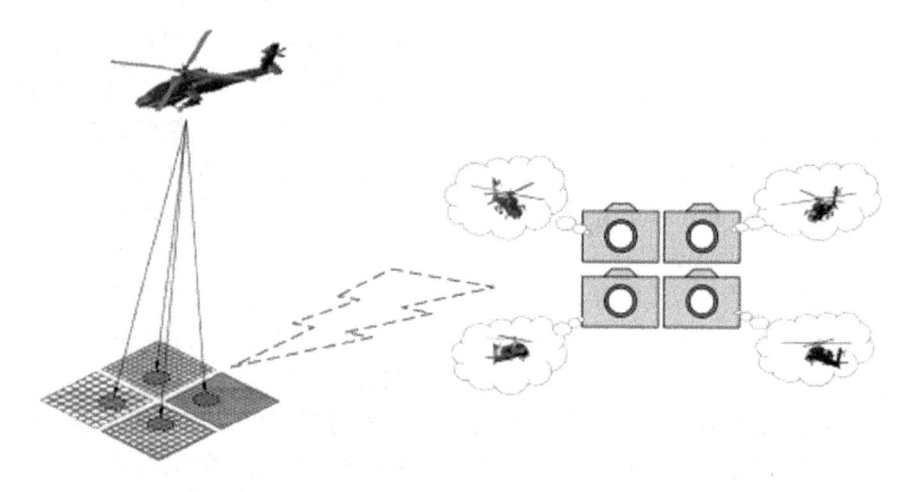

图6-20　4个分块圆孔子阵列液晶微透镜获取目标不同姿态图像的原理示意图

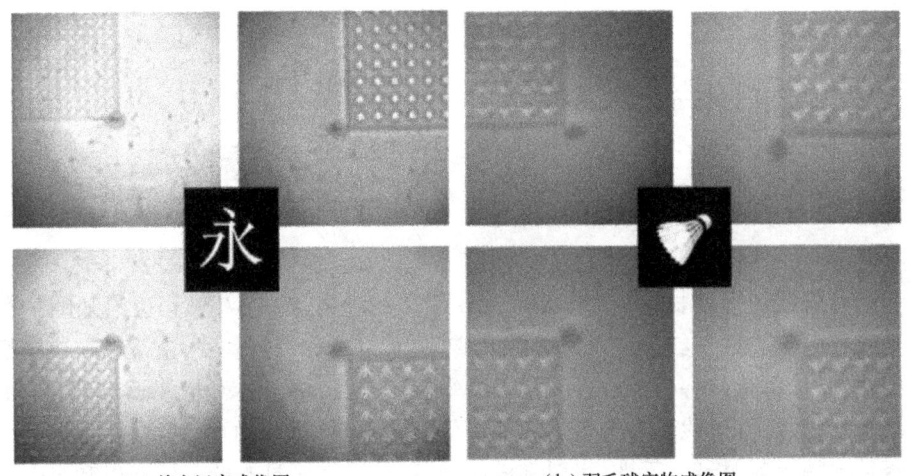

(a) 单个汉字成像图　　　　　　　　(b) 羽毛球实物成像图

图 6-21　4 个分块圆孔子阵列液晶微透镜对实体目标成像图

本结构的液晶微透镜的另一个特征：如果同时给平板电极层和阵列电极层加电，调节两电压的幅值关系可以实现正负透镜的功能，可以加大景深，也即 4 个子微透镜阵列可以对 4 个不同距离的目标同时成清晰像，实现同一视场内对多目标的跟踪锁定功能，其原理已在上一章节中予以讨论，这里不再重述。

本章所提出的结构仅是最基本的设计思路，可以在此基础上根据实际需要进行扩展。例如，可以设计出三层或更多层圆孔阵列图案化电极的层叠式结构，其关键技术在于隔离层厚度应控制在数十微米或纳米数量级以内，采用分层镀膜分层刻蚀的工艺保证多层之间的电气绝缘，这种结构可以实现多个通光孔径微透镜阵列的快速切换，实现类似瞳孔变化的过程，由于采用电控方式，其速度可以达到毫秒级，这是传统方法无法实现的。另外，可实现电控摆焦功能的微透镜阵列，其单元设计原理已在第 3 章中阐述清楚，所以没有给出结构设计，其实现主要取决于制作工艺。在第二种结构透镜中只设计了 4 个分块，实用中可以把阵列规模扩大到 $n \times n$，各分块都单独控制，实现真正意义上的电寻址功能。分块化的另一个作用在于可以和相同规模的电寻址选谱器件 FP 腔进行级联，实现不同分块对不同谱段进行成像，另外平板电极层的正负透镜变换作用使该结构的微透镜可以改变景深，这些功能集成在一起就实现了一种电控寻址大景深多谱段成像的液晶微透镜元件。

第7章 红外电控液晶器件

红外线是指波长在 0.75~1000μm 范围的电磁波,是人眼无法感知的一种光线。因为它处于红光波长以外的光谱区,所以被称为红外线,由于它与热密切相关,又被称为热辐射。红外线波长的短波段与可见光相接,长波段与无线电的毫米波相邻,红外线具有与可见光等其他波段电磁波相同的物理特性,如波动性所具有的反射、折射、干涉、衍射和偏振现象,量子性所具有的黑体辐射和光电效应。不同于可见光是红外线的波长较长,在传播过程中会表现出更明显的绕射、衍射特征。由于大气中的二氧化碳、水汽、甲烷、一氧化氮、二氧化氮等成分对某些波段的红外线具有较强的吸收作用,但对另外一些波段的红外线却不产生吸收作用。任何物体都可以辐射红外线和吸收红外线,温度高则辐射大于吸收,温度低则吸收大于辐射,当温度不变时则辐射与吸收达到平衡状态。

因为人的眼睛无法直接觉知到红外线,所以要借助一些红外敏感材料通过特殊仪器将其转变成可以检测的光电信号,红外探测技术也就应运而生。任何物体都可以发射红外线,红外探测就是依靠物体自身的红外辐射来进行探测的,所以属于一种无源探测技术,红外探测器与雷达相比,具有体积小、重量轻、分辨率高、抗干扰能力强等优点,与可见光设备相比具有穿透烟雾能力强、可昼夜工作等特点,这些性质使红外探测器装备在军事上备受青睐,典型的红外应用包括红外夜视、前视红外、侦察、跟踪、精确制导和光电对抗等。目前仅红外制导导弹就有几十种,分别用于对地、对空、对舰等场合。使用红外热成像制导可以进一步提高武器性能,如用于空地攻击的美国 AGM-65 型导弹就使用了 16 元碲镉汞探测器红外成像制导;128×128 元的成像制导导弹也出现在武器装备中。红外搜索跟踪仪的跟踪精度可以在 10″以内,对超低空目标和掠海飞行目标具有很好的抗背景干扰能力以及对多目标的选择跟踪能力;与武器系统连接可以实现火控,有效攻击目标,极大地提高武器命中率。海湾战争中,美国预警卫星通过红外望远镜可以全天候探测飞毛腿导弹,30s 内就能探测到发动机喷射的尾焰。在夜间,通过使用各种红外热像仪可以看清战场目标,提高了夜间作战能力和识别伪装目标的能力。现在,西方强国都投入巨资开展红外技术方面的理论和应用研究,美国更是把红外技术列为优先发展的重点项目,作为保持军事优势的重要手段之一,至今,西方对凡涉及红外技术的设备都严格控制出口。

红外技术的发展是与红外探测器及材料的发展分不开的,自从20世纪50年代半导体技术快速发展以来,人们已成功研制出 $1\sim3\mu m$、$3\sim5\mu m$ 和 $8\sim14\mu m$ 这3个波段的红外探测器,所用到的材料主要为硫化铅(PbS)、硒化铅(PbSe)、碲化铅(PbTe)、砷化铟(InAs)、锑化铟(InSb)和碲化汞(HgCdTe)等,现在红外探测器的制造技术已日益成熟,探测器类型也由最初的单元形式发展为多元线列、小面阵、长线列和大面阵等,各种不同工作温度、不同品种的新型热探测器和光子探测器也相继研制成功。

7.1 红外液晶FP腔及微透镜阵列

7.1.1 红外液晶光学器件的材料选型

常规透红外窗口是一种安装在探测器前端起保护作用并能透过红外线的光学材料,其表面通常镀有增透膜,透过率在85%以上。不同的波段选取的材料也不同:$1\sim3\mu m$ 采用熔融石英或光学玻璃;$3\sim5\mu m$ 采用蓝宝石或氟化钙;$8\sim12\mu m$ 采用硫化锌或硒化锌。

液晶器件主要是在两片衬底间灌注液晶密封后制作而成,因而衬底的红外特性对整个透镜性能是非常关键的。可见光液晶透镜的衬底通常是采用钠碱玻璃,对红外线透过率很低,所以不能用它作衬底材料。红外光学材料按照透射波段可分为中波材料($0.9\sim5\mu m$)和长波材料($8\sim12\mu m$)。试验中选用的是硒化锌(ZnSe)材料,硒化锌属于是一种黄色透明的多光谱红外光学材料,结晶颗粒大小约为 $70\mu m$,密度为 $5.26g/cm^3$,熔点为 $1515℃$,不溶于水但溶于盐酸等无机酸中,在空气中加热到一定温度会氧化成二氧化硒和氧化锌,禁带宽度为 $2.6eV$,透射波段为 $0.5\sim20\mu m$,一般采用化学汽相沉积工艺制作而成。图7-1是用傅里叶光谱仪测得的厚度分别为 2mm、3mm、4mm 和双层硒化锌平板的透过率光谱图[138],可以看出不同厚度硒化锌的透过率差异不大,在 $2\sim15\mu m$ 范围内透过率约为 70%,$15\sim18\mu m$ 开始逐渐下降,大于 $18\mu m$ 则迅速衰减。双层平板的透过率比单层的透过率有比较明显的下降,这与两平板间的空气介质有关系。

7.1.2 红外液晶FP腔和红外液晶透镜阵列的设计原理及结构

谱成像技术首先要把目标物体所发出的辐射光或发射光,通过谱选择光学器件筛选出其中所需要的光谱成分在探测芯片上成像,目前较为常用的谱选择光学器件包括光栅光谱仪、马氏干涉型滤波片、各种类型调谐器、麦克逊干涉仪和FP腔等,这些谱成像探测器件普遍存在体积大、构造繁琐、环境适应能力差

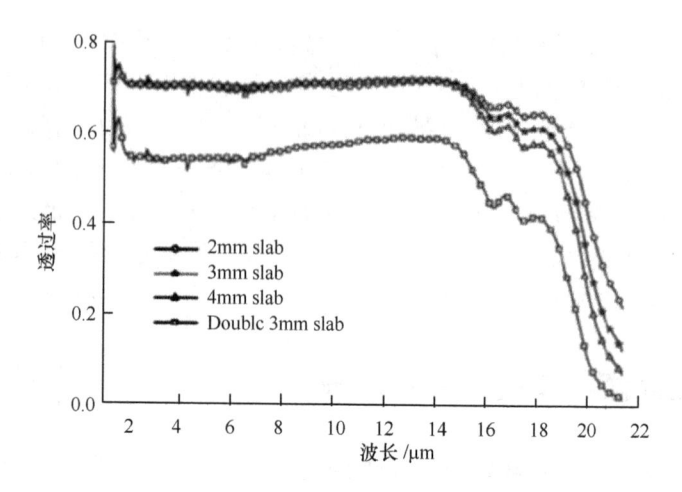

图7-1　不同厚度的硒化锌衬底透过率光谱

等问题。在研究具有低成本、低功耗、小体积、可调谐等特点的光学成像探测芯片方面,FP结构的器件得到了快速发展,目前基于电控液晶的FP结构的成像探测技术成为了高光谱成像探测的研究热点,众所周知,液晶的最大特点就是可以通过电压来调节其折射率,用它制作的电控波谱器件性能稳定、制作简单、驱动方式灵活、易于其他器件集成,因而有很好的潜在发展和应用价值。

FP腔实质上是一个多光束干涉装置,FP腔的选谱作用在于它能从输入的宽谱光中选择出一系列纵模谱线 λ_k,它们的间距是相等的,每条单模的谱线宽度随反射率 R 和腔厚 h 的增大而减小,因而可以起到挑选波长、压缩线宽、提高单色性的作用。

下面分析光在红外光学材料中传播时能量变化情况,由于材料会吸收光波中的部分能量而使粒子产生受迫振动,因粒子的振动加剧所以温度有所升高,相当于光波中的部分光能转换为了机械动能,由于不同材料对光的吸收特性不同,假设强度为 I_0 的光垂直入射到材料表面,经过 x 距离后光强度为 I,吸收的光强 $\mathrm{d}I$ 与 I 和 $\mathrm{d}x$ 成正比,可表示为

$$\mathrm{d}I = -\beta I \mathrm{d}x \tag{7-1}$$

式中:β 为吸收系数;负号表示光强减弱。

由式(7-1)可得入射光经过厚度为 h 的材料后强度为

$$I = I_0 \mathrm{e}^{-\beta h} \tag{7-2}$$

式(7-2)是从能量的观点表示通过一定厚度的材料后光强的变化。因为FP腔主要是由两块平行平板组成,所以首先来分析一下光在平板中传播时的情况。当入射光进入透明平板衬底时,在平板的两个面上会发生多次反射和透射,如图7-2所示。

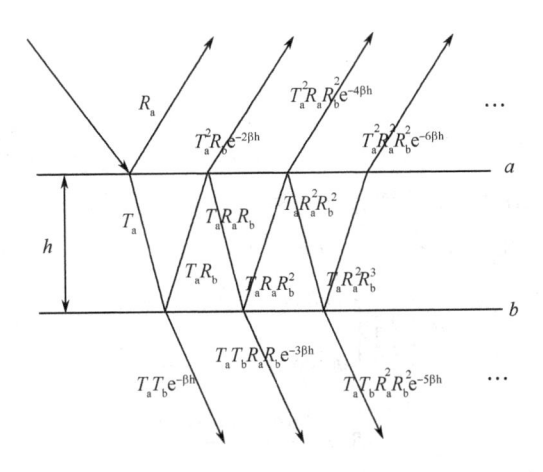

图7-2 入射光在平板上发生多次反射和透射结果

这时,总的反射率和透过率为

$$\begin{cases} T = T_a T_b e^{-\beta h} + T_a T_b R_a R_b e^{-3\beta h} + T_a T_b R_a^2 R_b^2 e^{-5\beta h} + \cdots \\ R = T_a^2 R_b e^{-2\beta h} + T_a^2 R_a R_b^2 e^{-4\beta h} + T_a^2 R_a^2 R_b^3 e^{-6\beta h} + \cdots \end{cases} \quad (7-3)$$

式中:R_a 和 R_b 为衬底 a、b 两面的反射率,式(7-3)级数求和可得

$$T = \frac{T_a T_b e^{-\beta h}}{1 - R_a R_b e^{-2\beta h}} \quad (7-4)$$

$$R = R_a + \frac{T_a^2 R_b e^{-2\beta h}}{1 - R_a R_b e^{-2\beta h}} \quad (7-5)$$

式中,不同材料的吸收系数也不同,这里硒化锌材料的吸收系数 $\beta = 10^{-4} \sim 10^{-3} \text{cm}^{-1}$。

得到不同平板材料的透射率和反射率后,就可以根据多光束干涉的强度分布得到 FP 腔的透射光强为

$$I_T = \frac{I_0}{1 + \frac{4R\sin^2(\delta/2)}{(1-R)^2}} \quad (7-6)$$

发射光强为

$$I_R = I_0 - I_T = \frac{I_0}{1 + \frac{(1-R)^2}{4R\sin^2(\delta/2)}} \quad (7-7)$$

式中:$\delta = \frac{4\pi nd \cos\theta}{\lambda}$ 为光束间的相位差;d 为腔厚;θ 为光线倾角。考虑正入射 $\theta = 0$ 的情况下,则两谱线的间隔即自由波谱范围为

$$\Delta v = v_{k+1} - v_k = \frac{c}{2nd} \quad (7-8)$$

由(7-8)可知,自由波谱范围与腔厚是成反比的,为了使自由波谱范围更大,必须减小腔厚。为了提高衬底表面的反射率一般要镀多层高反膜,考虑到衬底上的多膜层结构特征,利用薄膜光学理论中的多膜传输矩阵可以对液晶 FP 腔的光透过率进行模拟计算,以下是结构的特征矩阵和光透过率方程,即

$$\begin{bmatrix} B \\ C \end{bmatrix} = \left\{ \prod_{r=1}^{q} \begin{bmatrix} \cos\delta_r & \theta\sin\delta_r/\eta_r \\ \theta\sin\delta_r\eta_r & \cos\delta_r \end{bmatrix} \right\} \begin{bmatrix} 1 \\ \eta_m \end{bmatrix} \quad (7-9)$$

$$\delta_r = \frac{2\pi N_r d_r \cos\vartheta_r}{\lambda} \quad (7-10)$$

$$T = \frac{4\eta_0 R_e \eta_m}{(\eta_0 B + C)(\eta_0 B + C)^*} \quad (7-11)$$

式中:$\begin{bmatrix} B \\ C \end{bmatrix}$ 为衬底和多膜层构成的特征矩阵;δ_r 为各膜层的相位差;η_r 为 p 分量;T 为整个结构的透射率。

图7-3是红外液晶 FP 波谱器件的结构示意图。红外液晶微透镜的结构与 FP 波谱器件的基本相同,唯一的区别在于两个铝电极层之一为图案化电极。为了提高红外液晶器件的透过率,在器件的外表面分别镀增透膜。

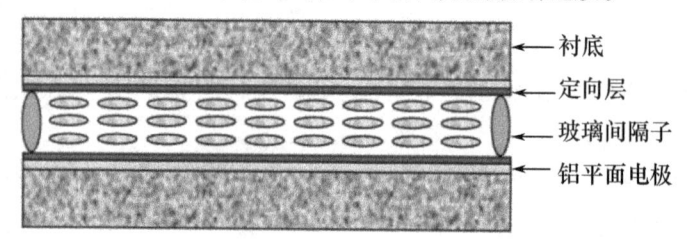

图7-3 红外液晶 FP 腔及微透镜阵列结构

由于液晶的折射调节范围比较小,这使得单结构的液晶 FP 腔光谱调节范围比较小,同时获得透射谱的半高宽也比较大。为此,又提出了级联结构的红外液晶 FP 腔,两个 FP 腔厚度不同,厚度小的光谱调节范围宽,透射波的半高宽值较大,而厚度大的调节范围小,透射波的半高宽值较小,对于级联结构来讲,只有同时满足两个腔的谐振条件的光谱才能够透射,从而提高了器件的光谱调节范围,这样使得透射波的半高宽值减小,同时,可以实现所需光谱的跳频输出,图7-4是级联结构的红外液晶 FP 腔结构,不同直径大小的玻璃间隔子对应不同的 FP 腔厚度。

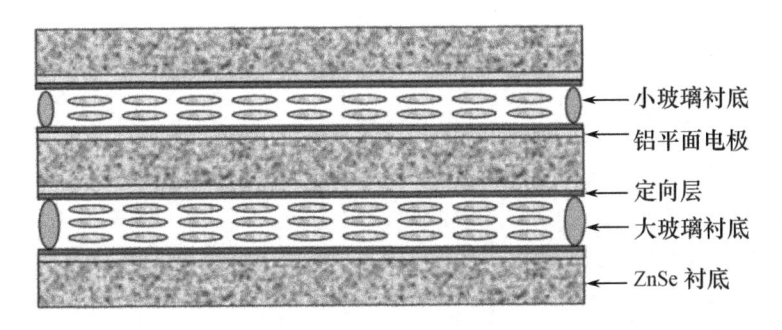

图 7-4　级联红外液晶 FP 腔的结构示意图

7.2　红外液晶器件的电控光学特性

在进行测试之前,对液晶 FP 器件及级联结构分别进行了仿真,图 7-5 是对不同厚度的液晶 FP 腔透过率光谱图的仿真结果,加载到铝板电极的电压幅值为 $5V_{rms}$。从图中可以看出,对于不同的腔体厚度,波峰数量和位置都不相同,腔越厚出现的波峰数越多,而且波峰间的距离越小,腔厚度 h 与液晶折射率 n 的乘积为光程,可以通过调节 h 或 n 来改变光程,而液晶器件是腔厚 h 固定,通过控制电压幅值改变折射率 n 达到调节光程的目的。从仿真结果可知,不同腔厚可以得到不同的波峰数,若控制电压幅值改变 n,同样可以得到类似的结果。图 7-6 和图 7-7 是级联结构的液晶 FP 腔在不同波段的透过率光谱图仿真结果,两液晶 FP 腔的厚度分别设定为 15.3μm 和 70.3μm,V_1 和 V_2 是分别加载到两个 FP 腔的电压幅值,从仿真结果可以看出通过调节两电压幅值,在 3~5μm 和 8~14μm 之间透过率超过 90%,其半高宽度大约为 3nm,说明级联的液晶 FP 腔具有很好的选谱

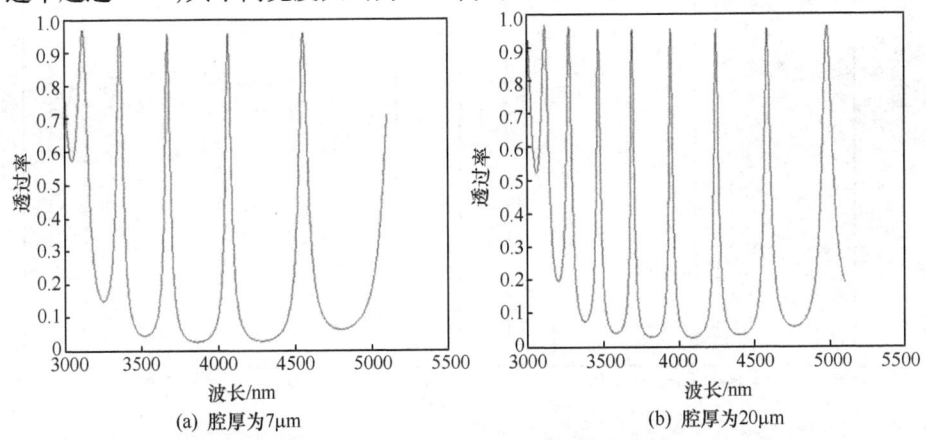

(a) 腔厚为7μm

(b) 腔厚为20μm

图 7-5　液晶 FP 腔透过率光谱图仿真结果

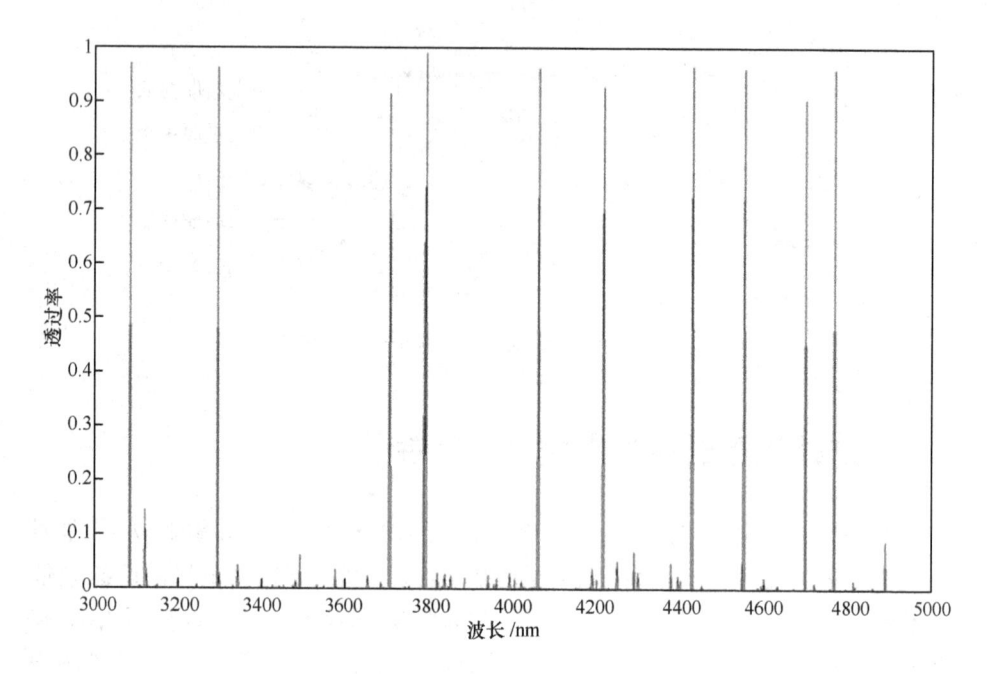

图7-6 级联结构的液晶FP腔在3~5μm的透过率仿真结果

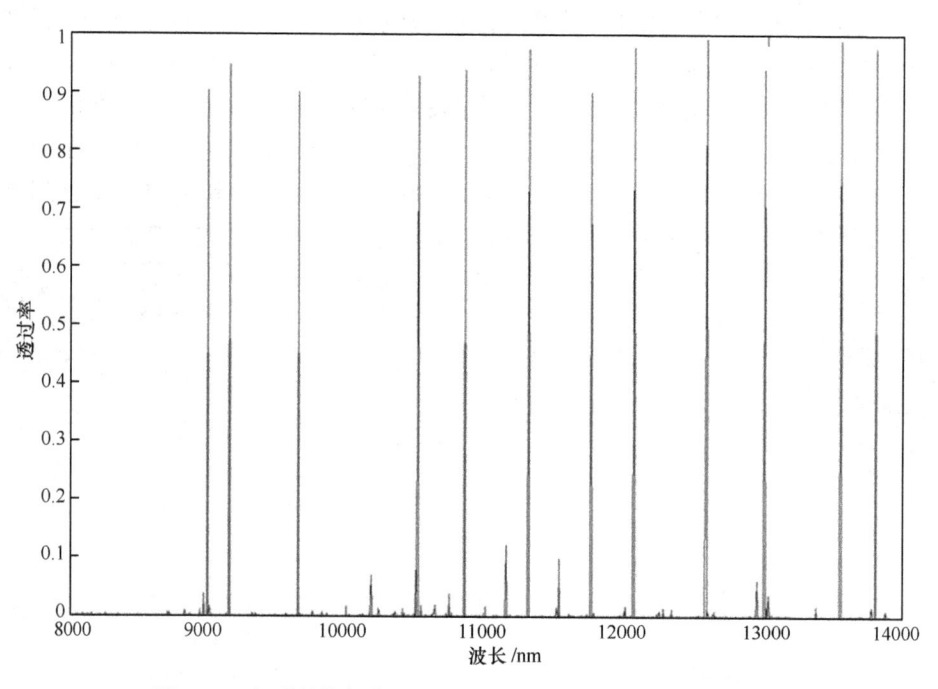

图7-7 级联结构的液晶FP腔在8~14μm的透过率仿真结果

功能。加载电压、波峰位置和透过率之间的关系见表7-1和表7-2。

表7-1 加载电压、波峰位置和透过率之间的关系

V_1/V_{rms}	V_2/V_{rms}	波峰位置/nm	透过率
2.2	3.5	4430	0.96
2.2	3.9	4570	0.97
2.3	2.5	4050	0.97
2.3	4.0	4680	0.91
2.3	5.3	4210	0.93
2.6	4.0	3780	0.98
2.7	2.1	3300	0.88
2.7	3.7	3710	0.91
2.8	4.9	3100	0.98

表7-2 加载电压、波峰位置和透过率之间的关系

V_1/V_{rms}	V_2/V_{rms}	波峰位置/μm	透过率
2.0	1.0	9.60	0.90
2.0	1.9	12.55	0.89
2.1	1.1	13.0	0.88
2.1	2.8	13.50	0.99
2.1	4.4	13.80	0.98
2.1	5.4	10.61	0.92
2.2	4.6	12.05	0.89
2.3	4.0	11.32	0.98
2.4	2.3	11.75	0.90
2.4	3.8	10.81	0.98
2.6	2.1	9.21	0.95
2.7	1.0	9.05	0.90

因为液晶器件是由镀有铝膜的硒化锌衬底构成,所以首先测试了衬底的透过率。单面或双面镀铝的硒化锌衬底的参数如下:外形尺寸为3.5cm×3.5cm;铝膜厚度为45nm;硒化锌衬底厚度为1mm。铝膜在FP腔中一方面作为电极层产生电场以驱动液晶分子,另一方面由于铝膜本身在红外波段反射率较高,因而起到了高反膜的作用。

图7-8是镀铝膜的硒化锌衬底实物图,其中暗面的为硒化锌面,亮面的为铝膜面。图7-9是镀铝膜硒化锌衬底透射率光谱,可以看出硒化锌衬底镀铝后透过率约为4%,这是目前找到的可用作电极且透过率相对较高的金属材料。

图 7-10 是镀铝膜硒化锌衬底的液晶 FP 腔的实物图,图 7-10(a)、(b)分别是单结构和级联结构。图 7-11 所示为红外液晶器件的测试光路图。

图 7-8　镀铝膜的硒化锌衬底实物

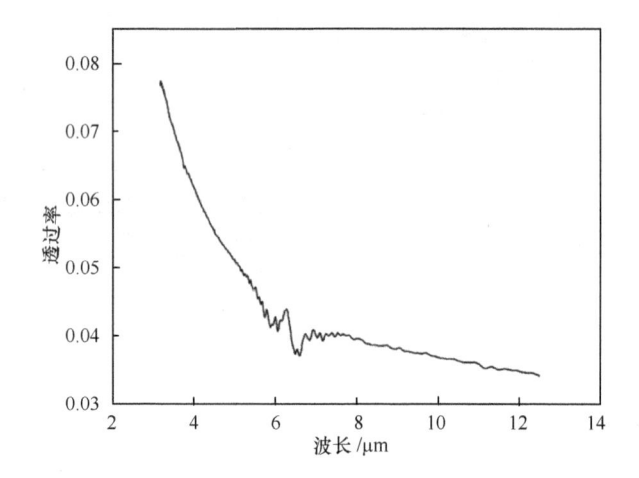

图 7-9　镀铝膜硒化锌衬底透射率光谱

(a) 液晶 FP 腔　　(b) 液晶 FP 腔的级联结构

图 7-10　镀铝膜硒化锌衬底的液晶 FP 腔的实物图

为了测试 FP 器件的性能,搭建了图 7-12 所示的测试平台。所用的红外光源是 Coherent 公司出产的黑体,测试时黑体温度为 1000℃,在此温度下,黑体辐射的波长—强度曲线如图 7-13 所示。因为测试中涉及线偏光,所以采用了

THORLABS 公司出产的 2~35μm 波段的红外偏振片,透过率约为 80%。成像设备采用的是高德红外公司出产的制冷型焦平面碲镉汞红外相机,像素为 320×256,像元尺寸为 30μm×30μm,响应波段为 3~5μm。级联结构的液晶 FP 腔的两个腔厚分别为 7μm 和 20μm,铝膜厚度为 45nm,液晶材料为德国默克公司的向列相液晶 E44。

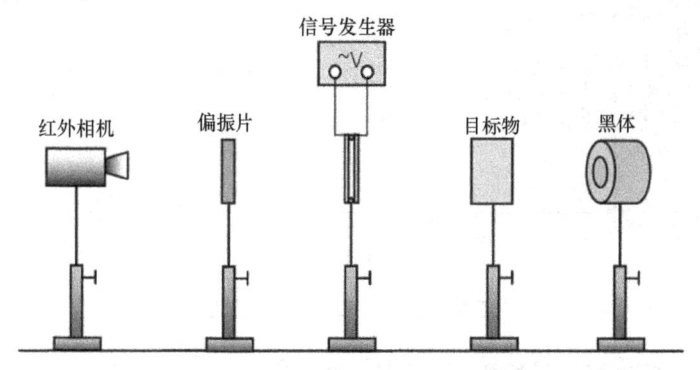

图 7-11 红外液晶器件的测试光路图

图 7-12 红外液晶器件的实测平台

为了验证液晶 FP 腔的选谱功能,首先用白炽灯作红外光源进行成像测试,图 7-14 是相应的测试结果,图 7-14(a)是白炽灯直接在红外相机上成像,图 7-14(b)是白炽灯透过未加电的液晶 FP 腔在红外相机上成像结果,图 7-14(c)~(f)是在液晶 FP 腔上分别加载 $2V_{rms}$、$5V_{rms}$、$7V_{rms}$ 和 $10V_{rms}$ 电压时的成像结果。从灯丝和灯泡的轮廓线的变化可以得知,当液晶 FP 腔加载不同控制电压时,由于腔选取的波峰数不同,透射的光强度也就不同,最终导致的图像强度也有所变化,说明通过控制液晶 FP 腔的加载电压幅值可以起到选谱的功能。

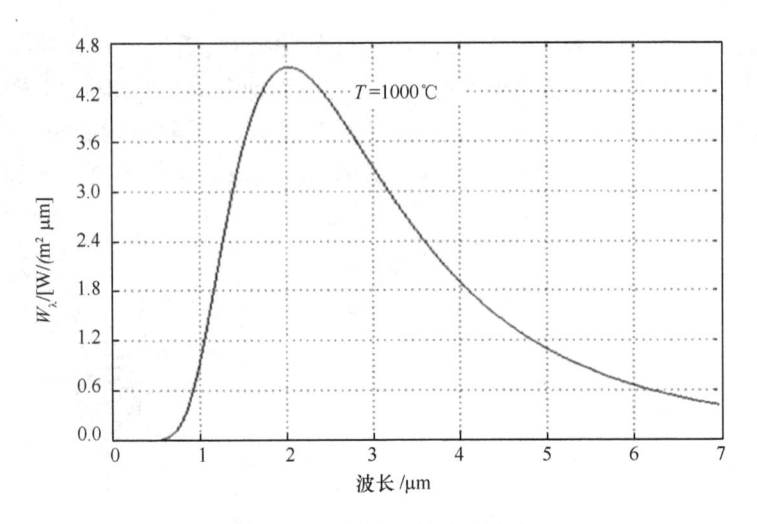

图 7 – 13　黑体辐射强度曲线

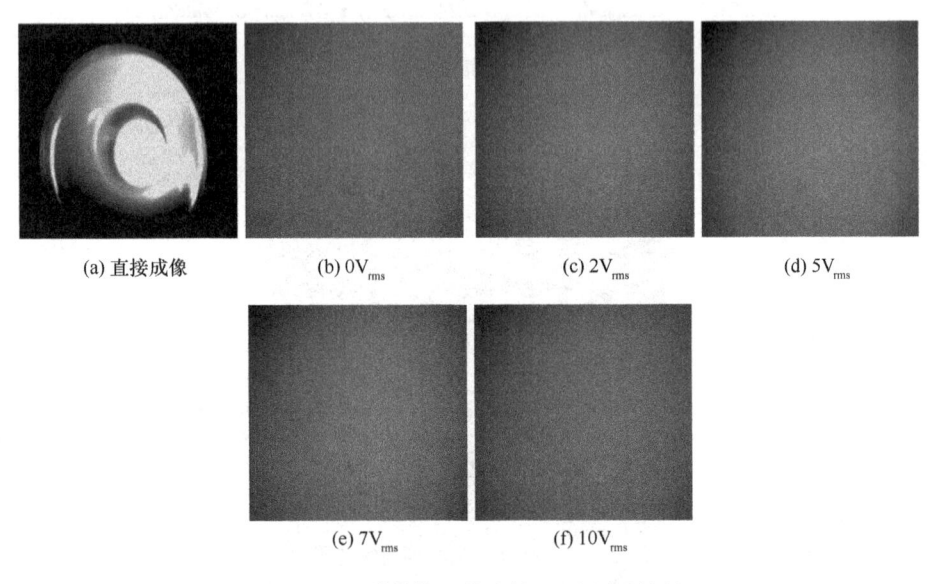

图 7 – 14　单结构红外液晶 FP 腔测试结果

图 7 – 15 是级联结构的液晶 FP 腔对硬币的成像结果，在测试中用黑体照射硬币，通过硬币的反射光成像。图像左上侧的子图是对相机所获取的图像进行增强的效果。从图可得，当调节两液晶 FP 的控制电压 V_1 和 V_2 幅值时，从级联 FP 腔透射的峰值波长会随之改变，其光强会同时改变。当 V_1 和 V_2 达到某特定值时，透射的峰值光波光强最强，对比度最大，图像最清晰，也就是说，通过控制级联 FP 腔的电压幅值，从目标物发出的红外辐射中选取某一特定波长的红外光在 CCD 上清晰成像，这正是级联液晶 FP 腔选谱的功能。

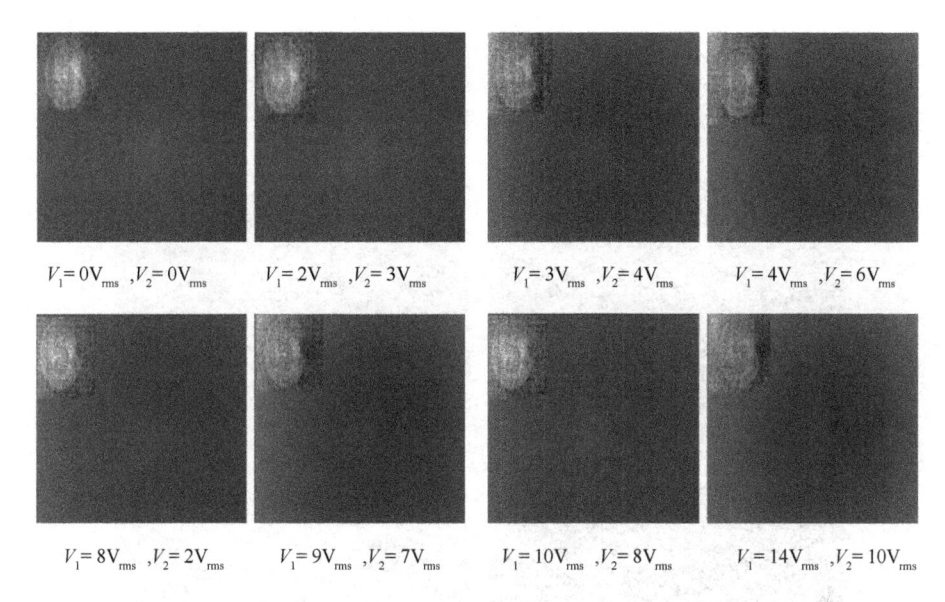

$V_1=0V_{rms}, V_2=0V_{rms}$ $V_1=2V_{rms}, V_2=3V_{rms}$ $V_1=3V_{rms}, V_2=4V_{rms}$ $V_1=4V_{rms}, V_2=6V_{rms}$

$V_1=8V_{rms}, V_2=2V_{rms}$ $V_1=9V_{rms}, V_2=7V_{rms}$ $V_1=10V_{rms}, V_2=8V_{rms}$ $V_1=14V_{rms}, V_2=10V_{rms}$

图 7-15 级联结构的红外液晶 FP 腔对目标物的成像结果

红外液晶透镜阵列与单结构的液晶 FP 腔基本相同，区别在于控制电极不同，透镜的两个控制电极分别为平板电极和图案化电极，图 7-16 是图案化电极形态，图案为单元形态为圆孔的矩形阵列，圆孔直径为 200μm，单元间隔为 300μm。图 7-17 是硒化锌衬底上的铝膜通过湿法刻蚀成图案化电极后的实物。图 7-18 是红外液晶透镜调节透射光强的测试结果，图 7-18(a)~(d)是两极板控制电极分别为 $0V_{rms}$、$2V_{rms}$、$4V_{rms}$ 和 $7V_{rms}$，从测试结果可以看出，随着电压的增大，圆孔透镜的聚光能力增强，当电压幅值达到 $4V_{rms}$ 时聚光效果最佳圆孔内亮度也最强，继续增大电压后圆孔内亮度开始减弱，这和可见光波段透镜的聚焦和散焦过程是一致的，说明此图案化电极的红外液晶透镜，通过控制电压幅

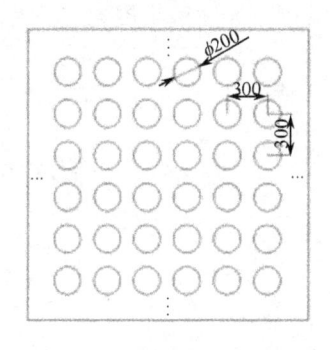

图 7-16 红外液晶透镜的图案化电极   图 7-17 铝膜刻蚀成图案化电极的硒化锌衬底

(a) $V=0V_{rms}$ (b) $V=2V_{rms}$

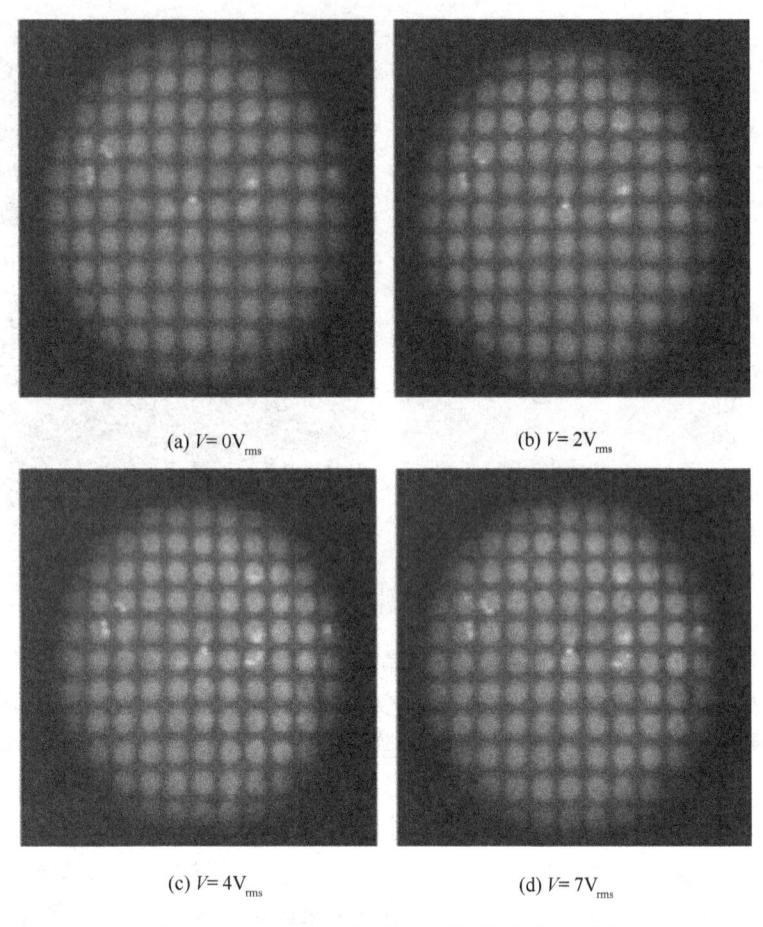

(c) $V=4V_{rms}$ (d) $V=7V_{rms}$

图 7-18 红外液晶透镜阵列调节透射光强图

值也可以达到调节焦距的作用,从而在试验上验证了硒化锌材料的液晶透镜的红外调焦功能,使调焦液晶透镜的工作范围从可见光波段扩展到红外波段。

第8章 液晶微透镜制作的关键工艺及电控装置

前几章介绍了各种类型的液晶微透镜及光学性能,作为液晶微透镜设计过程中的重要环节,本章将详细描述液晶透镜的材料特性及选取、光刻板的制作、微透镜的制作工艺、超净间环境、光学测试平台以及自主研发的电控阵列装置。液晶微透镜的制作涉及材料和工艺等诸多因素,任何一个小环节出问题都会直接影响微透镜的性能,而且在测试环节中测试仪器的误差也会关系到最终的测试结果,可以说要制作好液晶微透镜并获取好的测试数据是一项非常细致和艰辛的工作。

8.1 主要制备材料的物性与电光特征

1. 玻璃基底

玻璃基底是液晶微透镜的最重要材料之一,一般玻璃基板可以选用含碱成分的碱石灰玻璃、低碱硼硅酸玻璃和无碱硼硅酸玻璃,由于处于液晶微透镜原理样片试验阶段,课题组选用了低成本的含碱玻璃。因为液晶微透镜制作过程中要经历加热、化学处理、机械切割等工艺,所以需要玻璃基板具有良好的光学特性、热学特性、机械特性和化学特性。玻璃首先要有高的透过率以降低入射光的亮度损失。玻璃材料的组成成分决定了玻璃的耐热性和热膨胀系数,耐热性能高,热收缩量就小,一般要求小于 20×10^{-6}(相当于 50mm 有 $1\mu m$ 的收缩),热膨胀系数决定玻璃基板随温度变化其大小尺寸发生相应膨胀或收缩的比例,系数越小尺寸越稳定。玻璃基板的熔化、成形、退火等制造工艺决定了玻璃的热缩性、内部和表面缺陷、平整度、板厚及均匀性。玻璃基板的切割、研磨、洗净等二次加工决定了玻璃的尺寸精度、边缘加工精度、表面缺陷、光洁度和洁净度。现在的液晶微透镜日益向着微型化、集成化和智能化方向发展,为了提高玻璃基板的性能并使其变薄,就必须降低基板的密度。玻璃基板的密度越小,基板翘曲量就越小,搬运越容易,同时也可以减轻显示屏的重量。在透镜制作过程中,玻璃基板会经受各种酸碱性化学药剂的腐蚀,这就要求玻璃基板不易发生物质分解和外观变化。另外,还要提高刻蚀工艺的可靠性,并保证玻璃的平整性和表面的无缺陷性。因为表面的不平整会影响光的直通而造成散射,降低了透过率。总之,高质量的玻璃基板是制作液晶微透镜的前提条件。

2. 透明导电膜

前几章所介绍的图案化电极都是ITO透明导电膜通过刻蚀方法得到的,因此导电膜的性能直接关系到图案化电极的电气性能。试验中所用的ITO导电玻璃就是在玻璃基板上通过特殊方法镀上一层导电薄膜而得到的,该导电薄膜的主要成分是ITO,因为氧化铟锡的导电性能强且对可见光的透过率高,其厚度一般只有几微米到十几微米。值得注意的是,ITO膜具有较强的亲水性,容易和空气中的水分子和二氧化碳发生化学反应而降低导电性能,所以长时间放置时必须保证膜层表面的干燥性。通常是以方块电阻来衡量ITO导电玻璃的导电性能,方块电阻是指长度和宽度相等的正方形半导体材料的电阻,理论上应该等于材料电阻率与厚度的比值,它有一性质即不管正方形的大小如何,边到边的电阻值都是一定的,也就是说,方块电阻仅与膜厚和电阻率等因素相关,方块电阻大损耗就大,液晶微透镜所需的驱动电压幅值就高,这对电控装置的电气性能就提出了很高的要求。镀膜后的ITO玻璃按方块电阻可分为方块电阻为150～500Ω的高阻玻璃、方块电阻为60～150Ω的普通玻璃、方块电阻小于60Ω的低阻玻璃;如果按平整度可分为抛光玻璃和非抛光玻璃,试验中所用ITO玻璃是方块电阻为100Ω的非抛光型普通玻璃。ITO玻璃要制作成液晶微透镜必须经过去离子水、无水乙醇、丙酮、正胶显影液和盐酸等多种化学制剂的处理,所以这就要求方块电阻有良好的耐酸性、耐碱性和耐溶性。耐酸碱性是指把ITO玻璃放入规定浓度的酸性或碱性液体中,过5min测得的方块电阻的改变量小于规定值,耐溶剂是指把ITO玻璃放入丙酮、无水乙醇或一定比例的去离子水液体中,过5min测得的方块电阻改变量小于规定值。

3. 液晶

液晶是一种分子呈长棒状或圆盘状的有机化合物,根据形成液晶的条件来看可把液晶分为热致液晶和溶致液晶,热致液晶是把某些有机物加热溶解后形成的液晶,溶致液晶则是把有机物放入一定溶剂中形成的液晶。若是根据液晶分子的排列状态则可把液晶分为向列相、近晶相和胆甾相3种,向列相液晶因为其黏滞系数小,分子移动自由,易在外界电磁场的作用下产生形变,所以得到了广泛的应用。现在的液晶显示器件和液晶微透镜所用的液晶材料大多属于向列相液晶。对于实用中的液晶器件来讲,其工作的环境温度可能范围很宽,单一种类的向列相液晶化合物可能达不到特性要求,所以必须是多种类化合物混合而成的液晶材料才能实现目的,这种混合液晶的优点之一就是可以扩大液晶的温度范围。另外,要求液晶的驱动电压要低,通常使用$\Delta\varepsilon$大且黏度低、平衡性好的液晶材料。在室温条件下,液晶微透镜最重要的性能参数就是其响应速度,指的是液晶材料在外电场作用下其分子重新排列所需要的时间,也即电场开始作用到液晶光透过率完成变化所需要的时间,以及电场撤消后液晶分子重新恢复到初始状态所需的时间。目前改善液晶响应速度的方法主要是在结构、驱动方式和新材料等3个方面:结构上可以通过改变定向层的摩擦方向来提高响应速度,但这种方法通常是针对一些显示用液晶器件;新的驱动方式是对液晶加载电压期间,采用过调驱动电路使脉冲电压信号的上升沿或下降沿产生过冲,以达到改善响应速度的效果,但这种方法对控制电路提出了额外的要求;另一种比较有前途的方法就是采用新材料的铁电液晶。铁电液晶的主要特点是其响应速度极快,普通向列液晶分子的开关速度是几十毫秒,而铁电液晶仅为数十微秒至数百微秒,另外其视角特性好并具有记忆功能,可以用作存储材料。铁电液晶响应速度快的原因与其结构有关,铁电液晶分子中存在不对称碳且被夹在很薄的液晶膜中,由于它与周围分子的摩擦力很大,所以只能有向左或向右倾斜两种状态,在外电场作用下液晶分子可以快速通过中间状态实现绕圆锥棱线进行反转,而分子本身的运动很小,铁电性液晶响应速度快的另一个原因是驱动需要外加正反两个方向的电压。铁电性液晶虽然很适合做透镜材料,但也存在很难解决的问题,一个是它的状态保持特性使它具有残留现象,即去掉电压后仍保持原有状态不变,另一个是要把液晶分子约束在很薄的液晶层中,使其解除螺旋排列而按层列结构排列,这在技术上很难实现,目前铁电性液晶尚处在研发阶段,离实际应用尚有一段时间。

4. 定向层

涂覆在图案化电极上的定向层可以控制液晶层中分子的排列方向,由于液晶与定向层界面有很较强的锚定力,当外电场去掉后,形变后的液晶分子靠弹性力会恢复到初始状态。用作定向层的高分子材料有聚苯乙烯及其衍生物、聚乙烯醇、聚酯、环氧树脂、聚氨酯、聚硅烷、聚酰亚胺等,定向层厚度一般为几百埃。这样薄的膜要经受住摩擦定向必须要有很高的机械强度,并且定向层与液晶要有很好的亲和力,不能与液晶发生反应,在工程应用上能满足要求的只有聚酰亚胺(PolyImide,PI)。定向层必须具备均匀性、密着性和稳定性的特点;均匀性要求采用特殊机械方式进行涂敷;密着性要求定向层与和它接触的电极层有良好接着,聚酰亚胺材料本身的接着性能并不佳,作为定向层时,应外加具有很好接着性的添加剂;稳定性要求定向层在清洗时应具有耐药性,在加热时应具有很好的热稳定性。为了尽量降低液晶层中的漏电流,还要提高液晶的电阻值和定向层的纯度,避免制作中混入离子性杂质。为了避免向错线出现,达到均一配向的效果,定向层必须要有一定的预倾角,这主要取决于定向层表面的机械应力和物化作用力。另外,定向层中不能有强的极性基,强极性基会吸附更多的杂质离子使直流电场变强。最后定向层要有高的光透过率,若膜层厚度接近$5\mu m$,透过率会急速下降,所以膜厚一般控制在 $1\mu m$ 以下。

8.2 液晶微透镜的关键制备工艺

液晶微透镜的制作需要十多个工艺步骤,每个步骤都直接影响微透镜的质量,图 8-1 是整个制作工艺的流程示意图,以下将对其中的关键工艺步骤进行详细描述。

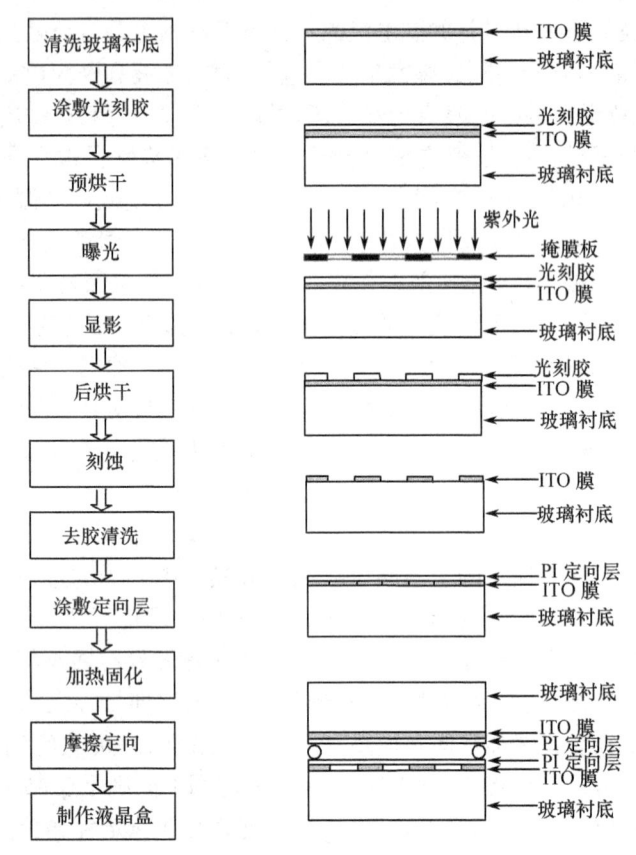

图 8-1 液晶微透镜制作工艺流程示意图

1. 玻璃衬底的清洗

玻璃衬底在制作微透镜之前一定要经过清洗,除去基板上的有机物、金属颗粒和灰尘。玻璃衬底是绝缘体,容易诱导静电荷而吸附空气中的微小颗粒,这些杂质会降低光刻胶与玻璃衬底的密着性。玻璃衬底上有杂质的地方涂覆光刻胶后会变厚,这样曝光时相对其他部分会不充分,用显影液显影后会残留少量光刻胶,在后续的湿法刻蚀过程中使光刻胶下的金属膜没有被腐蚀掉而残留在基板上,最终影响图案化电极的形成,如果进行清洗就不会发生这种现象。清洗方式有干洗洗净和湿洗洗净。干洗法主要是用紫外线或远紫外线进行照射,当用紫外线洗净时,氧气受到波长为 185nm 紫外线照射后生成臭氧,臭氧经过波长为 254nm 紫外线照射后生成氧活性基,可以去掉有机杂质,用远紫外线照射时同样能生成氧活性基去除有机污染物。湿洗法主要有刷洗法、超声波、高压喷淋法和药液清洗法等。刷洗法就是用圆筒刷子蘸取特定配制药液在玻璃衬底表面转动以清除基板表面的灰尘,刷子不能与玻璃表面接触过紧,如果图案化电极比较精细,为防止损伤,则可以把刷子非接触地置于玻璃表面上方,利用刷子转动而产生的液体冲击力对玻璃表面进行清洗。超声波法是利用超声波的声能使容器内的清洗液产生震动,该震动可以去除玻璃衬底表面数微米的杂质。高压喷淋法就是高压液体对玻璃表面进行喷洗以去除杂质,但高压液体会损伤精细图案化电极结构。药液清洗法就是用酸碱性药液与玻璃衬底表面进行反应,去除玻璃衬底表面的细小划痕。在制作液晶微透镜过程中,为了达到清洗效果,采用了超声波法和刷洗法两种方法,清洗完成后对微透镜进行加热干燥。

2. 涂敷光刻胶

在 ITO 玻璃衬底上涂敷光刻胶有旋转涂敷和狭缝涂敷两种方式,因为液晶微透镜的玻璃衬底尺度比较小,所以采用旋转涂敷法。首先把 ITO 玻璃衬底放在旋转设备的吸盘上,在玻璃表面涂敷足够量的光刻胶,然后设置吸盘的转速(500r/min,10s;4500r/min,60s),通过高速旋转使光刻胶均匀涂敷在玻璃衬底表面。这种方法的特点是设备简单、易于控制,但光刻胶的损耗太大,另外如果玻璃衬底尺度变大,高速旋转过程中很容易脱落且胶膜厚度不均匀,所以这种方法只适用于小尺寸的液晶微透镜制作。涂敷的光刻胶是由酚醛树脂、光敏材料、黏度溶剂和添加剂等成分组成。根据曝光区与显影液的反应情况,光刻胶可分为正性光刻胶和负性光刻胶,正性光刻胶曝光区域会与显影液发生反应而溶解,而负性光刻胶则刚好相反。需要注意的是,光刻胶的厚度会影响到光刻的效果,如果电极图案很精细,厚度应该薄一点,这样可以减少光刻时光的散射和衍射,光刻后的图案更清晰、分辨率更高,但如果光刻胶很薄且 ITO 膜也很薄的情况下,在刻蚀过程中就很容易使被光刻胶保护的金属膜被腐蚀掉,所以具体膜厚也根据光刻胶的浓度、ITO 的膜厚及刻蚀效果而决定,膜厚是通过吸盘的旋转速度来控制的。

3. 曝光

曝光就是把光刻板上的电极图案转移到玻璃衬底上的技术,图是曝光设备示意图,UV 光经过平面反射镜后形成平行光,垂直照射到光刻板上,玻璃衬底涂敷光刻胶的一面与光刻板上电极图案面紧紧密着在一起,这样没有被图案遮挡的部分受到光照而发生光化学反应,显影时这部分会被显影液溶解到,玻璃衬底上就留下和光刻板电极图案尺寸一致的图案。曝光过程中需要注意的问题:

曝光机是用高压汞灯作为曝光光源,在工作前一定要预热20min,当电流达到稳定时再开始工作;否则会因为功率太小导致曝光量不足。在整个曝光过程中要屏蔽其他光源,避免玻璃衬底受到其他白光源中紫外线的照射而使光刻胶部分失效;曝光时间需要根据光刻胶的性质来决定,时间太短会使光刻胶曝光不足,显影后不能完全溶解而残留在衬底上,时间太长会使被遮挡部分的边缘也被微弱曝光,显影后电极图案轮廓变模糊甚至变形,试验中曝光时间控制在15s左右。

4. 显影

显影就是用显影液溶解玻璃衬底涂胶层上的感光区域,留下的未溶解区域即是所需要的电极图案。显影方式有喷淋式和浸泡式,实验室常用浸泡方式。显影过程中需要注意的是显影液浓度和显影时间,因为试验所用显影液是购置的正胶显影液,其浓度已配制好无需改动,关键是显影时间的控制,这和曝光过程中的时间控制存在同样的问题;显影时间太长会使未被曝光部分的边缘产生向内部的微溶,使电极图案边缘变模糊,一些较小尺寸部分的光刻胶甚至会整块脱落;显影时间太短会使曝光部分不能完全溶解掉而残留少量光刻胶,这层光刻胶在刻蚀过程中使ITO膜不能被腐蚀掉,最终导致电极图案的错误。试验中的显影时间控制在60~90s。

5. 刻蚀

刻蚀就是用一定浓度的酸碱溶液将玻璃衬底上没有光刻胶的部分溶解掉,留下的部分就是所需要的图案化电极,刻蚀的方式有湿刻法和干刻法。湿刻法又分喷淋法和浸泡法:喷淋法就是刻蚀溶液通过喷嘴喷淋到玻璃衬底表面,由于液体流动使反应生成物不断被冲走,而新溶液又不断补充进来,所以这种方式的蚀刻速度很快,刻蚀时间很难控制。另外,喷淋方式会对ITO膜产生一定的冲击力,精细图案会被冲掉;试验中采用的是浸泡法,把玻璃衬底放入刻蚀液中,经过一定时间后取出,具体时间要根据ITO的膜厚来决定,时间太短会使感光部分的ITO导电膜未腐蚀掉,从而在加电后使整个基板都带电,图案化电极失去作用,时间太长会把受光刻胶保护的部分图案化电极也腐蚀掉,造成加电后的短路现象。刻蚀溶液根据导电膜材料的不同而选取不同酸碱溶液成分,对ITO材料多采用王水或盐酸类。干刻法是用等离子体中的离子基或活性基与材料发生化学反应,是材料腐蚀清除的一种方法。

6. 涂覆定向层

定向层是涂敷在ITO膜之上的一层有机薄膜,通过它可以使液晶分子产生一定的倾斜,定向层材料要求在250℃以下层厚均匀,与ITO膜有良好的接触特性,同时化学特性要稳定,不能与液晶发生反应,由于要受到摩擦处理,所以还要有很高的机械强度,试验用的聚酰亚胺树脂是高分子材料,不仅使用简单,对液晶分子有较好的定向作用,并且具有耐磨、耐腐蚀、密着性好等优点,是使用最为广泛的定向层材料。在玻璃衬底上涂敷定向层通常有旋转涂敷和喷射涂敷,试验中针对液晶微透镜玻璃衬底尺寸较小的特性采用了旋转涂敷方式,把玻璃衬底对称均匀地放置在旋转设备的吸盘上,用吸管在玻璃衬底表面滴适量的聚酰亚胺液体,设置吸盘的转速,通过高速旋转使聚酰亚胺均匀地涂覆在玻璃衬底表面,膜层厚度一般控制在 $1\mu m$ 左右。

7. 摩擦定向

为了使液晶微透镜具有会聚或发散光线的作用,必须严格控制玻璃衬底定向层表面的液晶指向矢方向,摩擦定向就是让定向层表面的液晶分子沿某方向具有一定的倾斜角,起着控制液晶分子指向矢方向的作用。由于液晶与定向层表面有很强的锚定力,在撤消外加电场后,因电场而产生形变的液晶分子会依靠锚定力恢复到初始状态。液晶的表面定向有 3 种方式,即水平定向、垂直定向和倾斜定向。摩擦定向是在高分子 PI 表面用绒布进行接触式的定向机械摩擦,摩擦后会形成细小的凹槽,定向层表面的液晶分子就沿着凹槽的方向进行排列,远离表面的液晶分子因分子间的范德瓦尔斯力也会沿此方向排列,且这时液晶的自由能最小,这就是摩擦定向的机理,若要定量分析倾斜角与自由能间的关系,需要引入倾斜角、锚定能及自由能方程,这已在前述章节做了分析。这种定向方式的优点是常温下就可以进行操作,对于微透镜等尺寸小的玻璃衬底,用人工或机械方式都可以完成摩擦定向,缺点是在摩擦过程中会造成粉尘颗粒、静电、划痕等现象。

8. 制作液晶盒

两片玻璃衬底的摩擦定向步骤完成后,就可以开始制作液晶盒了,这是液晶微透镜制作过程中非常关键的环节。首先把一片玻璃衬底涂敷定向层的一面朝上放置,在玻璃衬底两对边的边缘内侧均匀放置少许绝缘的玻璃微球,微球的直径(有 $7\mu m$、$20\mu m$、$50\mu m$ 和 $100\mu m$ 等多个尺寸)根据电极图案及对响应时间的要求决定,然后把另一片玻璃衬底放置其上,要保证两个定向层是紧贴对叠放置,在有玻璃间隔子的两边用密封胶封口,其他两边不要涂胶,密封胶是加了固化剂的具有良好密封性和耐温性的环氧树脂材料,最后对两片玻璃衬底进行压合,压合是为了保证两玻璃衬底构成的液晶盒两边是平行的,防止玻璃微球堆叠导致厚度增大,最终液晶的厚度应为玻璃微球的直径。

以上的液晶盒为简单电极图案,即只有两层电极且分别在两玻璃衬底上,一层电极有图案,另一层电极为平板电极,如果两层电极都有图案或有 3 层及以上电极层,则还存在对位问题,这也是比较难的技术问题。因为液晶微透镜的图案尺寸一般都在微米级别,用肉眼是无法完成对位的,所有操作必须在电子显微镜的监控下完成。为了精度对位,要在上下玻璃衬底上设置定位图形,通过定位图形来保证上下玻璃衬底严格对齐。对位是在压合过程中同步完成的,整个过程是由人工操作的,精度误差可以控制在 $10\mu m$ 以内。

等密封胶干燥固化后空液晶盒就制作完成了,接下来就可以灌注液晶。由于液晶盒很薄、体积很小,因而灌注所需的液晶量很少,具体操作是将液晶盒竖直放置,未封胶的两边分别朝上和朝下,用针管蘸取少量液晶滴在上边间隙处,液晶会因重力和毛细扩张效应而填满整个液晶盒,最后用密封胶把两边进行封口。

8.3 基于多模态控光的阵列化电控装置

在前几章所设计的液晶微透镜的控制电极或为多层或为阵列形式,其子电极数为4个、8个或更多,在双层可调焦摆焦液晶微透镜中要求8个子电极可以分别单独控制,在仿生功能液晶微透镜中为了能实现可寻址功能,要求各子阵列都能单独控制,单一输出的电源控制模块是不能达到要求的,并且多模态控光液晶微透镜阵列要求电控装置必须采用阵列化输出模式,输出模式要求可快速切换,输出的驱动电压幅值要大、精度要高,输出信号的幅值和频率要能在较宽范围内连续可调,输出波形应能根据要求进行定制,波形失真要小,上升下降沿要陡峭,为了满足上述特殊电控特性,设计了用于液晶微透镜的阵列式电控装置,该装置具有16个输出端口(可以进行扩展),端口控制可以快速切换,各端口输出信号电压幅值可在 0~200V_{rms} 范围内连续可调,电压精度可达 ±0.1V_{rms},输出信号频率范围为 1Hz~10MHz,输出波形可以是方波、三角波、正弦波或任意定制波形,电控装置分为高精度的低压旋钮式驱动装置和适应高压驱动要求的带数字显示的旋钮/键盘双控制驱动装置。

8.3.1 高精度低压旋钮式电控装置

高精度低压旋钮式驱动装置主要由主控模块、信号生成模块、信号放大模块和电源模块等组成,其结构框图如图 8-2 所示。

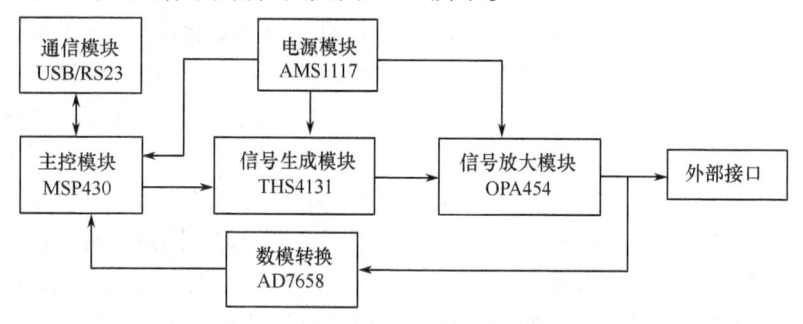

图 8-2 电控装置硬件系统模块原理框图

主控模块(图 8-3)采用的核心芯片为美国 TI 公司的一款 16 路低功耗的混合信号处理器 MSP430(图 8-4),该处理器具有 16 个中断源,指令周期为

图 8-3 主控模块电路

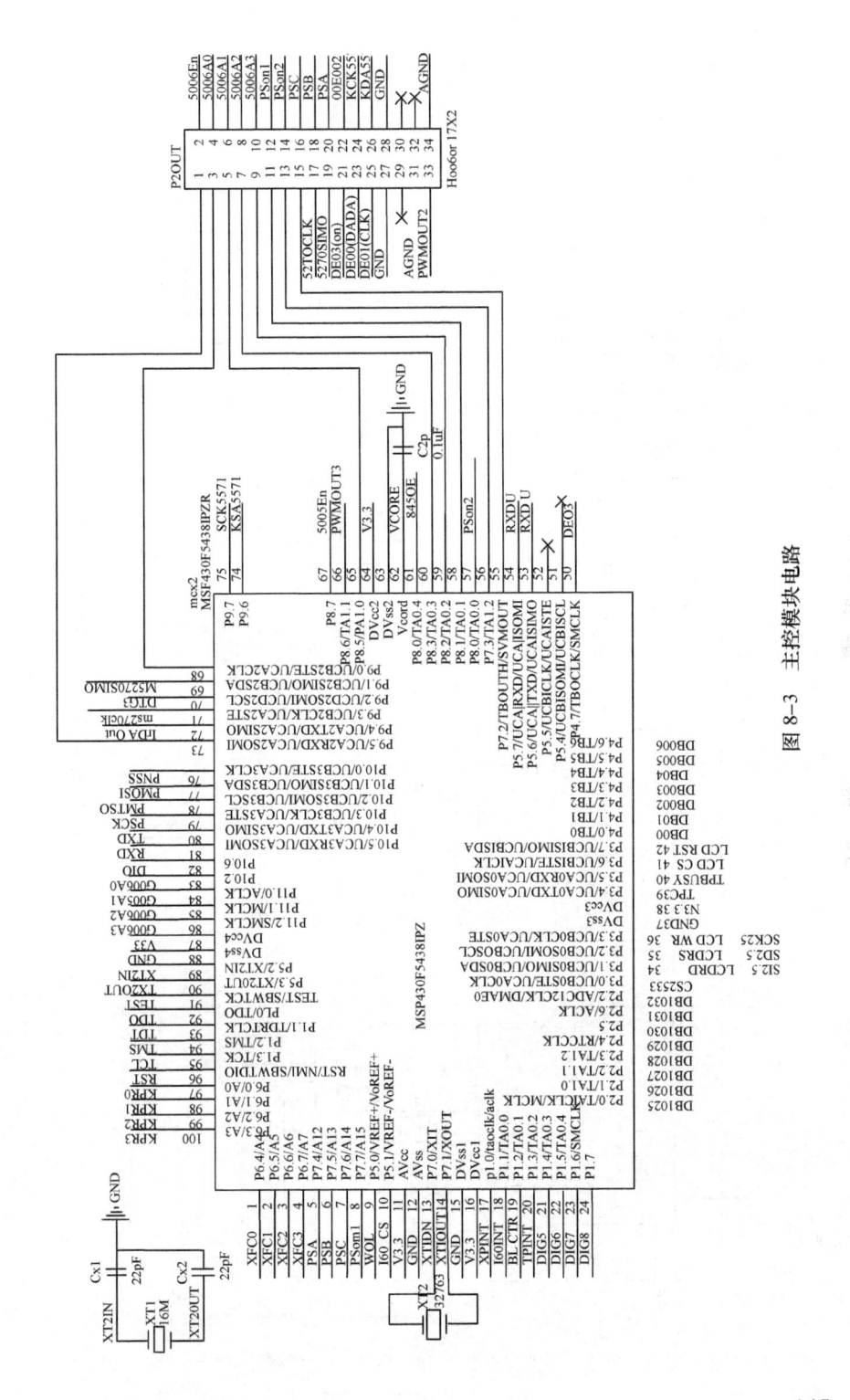

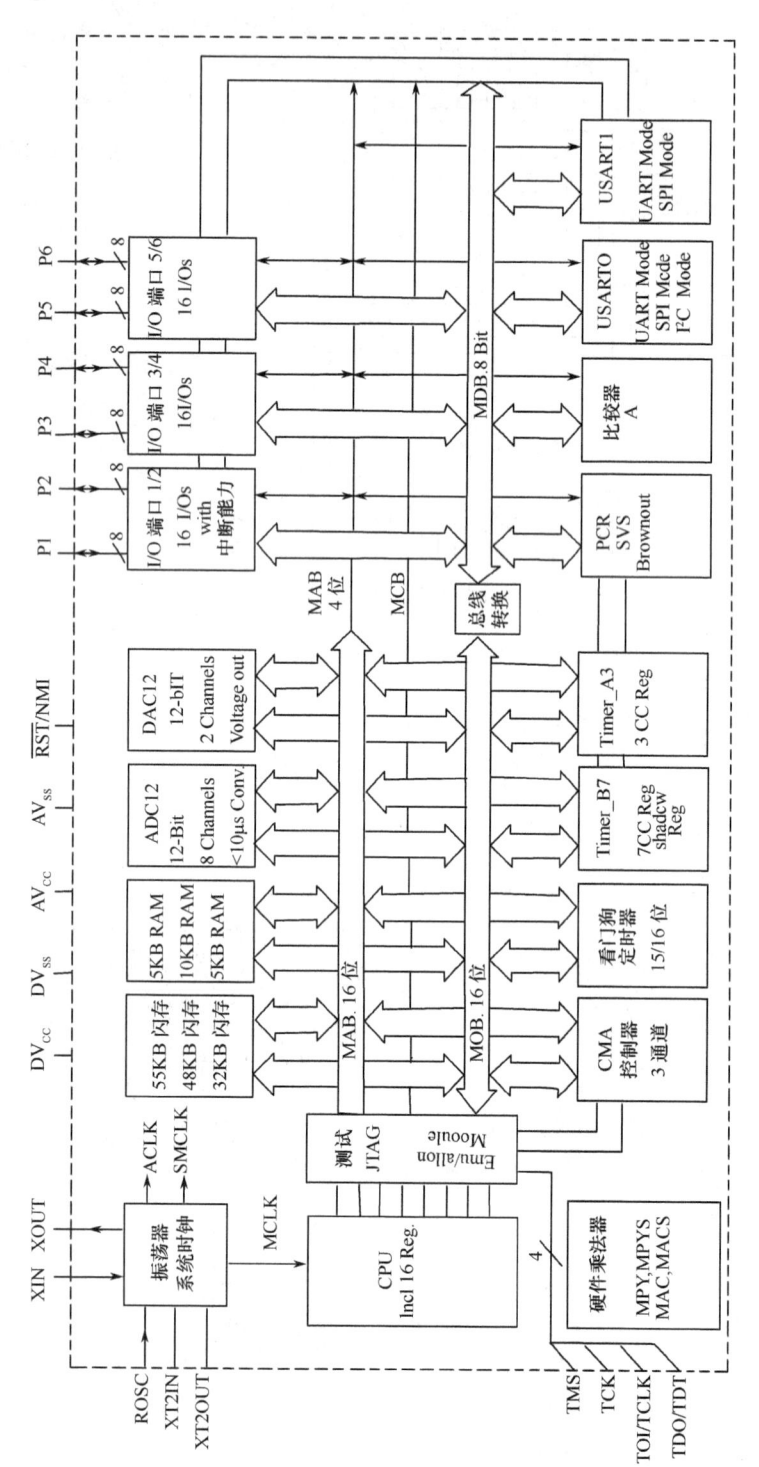

图 8-4 MSP430 芯片内部原理构造示意图

125ns,处理能力强、处理速度快。另外,该处理器的功耗很低,工作电压1.8~3.6V_{rms},工作电流为0.1~400μA,系统工作非常稳定。

信号放大模块中采用了美国 TI 公司生产的双极性运算放大器 OPA454,把 1V_{rms}方波电压信号电压放大到±40V_{rms},输出采用手动旋钮控制,操作快捷方便,有较高的可靠性。另外,在信号放大模块中还采用了数字电位器 AD5293 和模数转换芯片 AD7658,如图 8-5 和图 8-6 所示。数字电位器的作用相当于滑动变阻器,不过可以通过数字信号来控制并且具有体积小、振动小和噪声低等特点,所以被广泛应用到电路系统中。由于一级放大信号的电压幅值达不到应用要求,所以在电路中采用了两级放大方式,由 OPA2211 组成第一级放大,其输出经第二级放大单元 OPA454 放大至±40V_{rms}(图 8-7)。芯片 AD7658 的作用是把模拟信号转换为 16 位的数字信号,其内部有 6 个逐次逼近型模数转换器,可以进行 6 路同步模数转换,吞吐率可达 250ksps(kilo samples per second 采样千次每秒),功耗为 140mW,具有转换速度快、精度高、低功耗等优点。

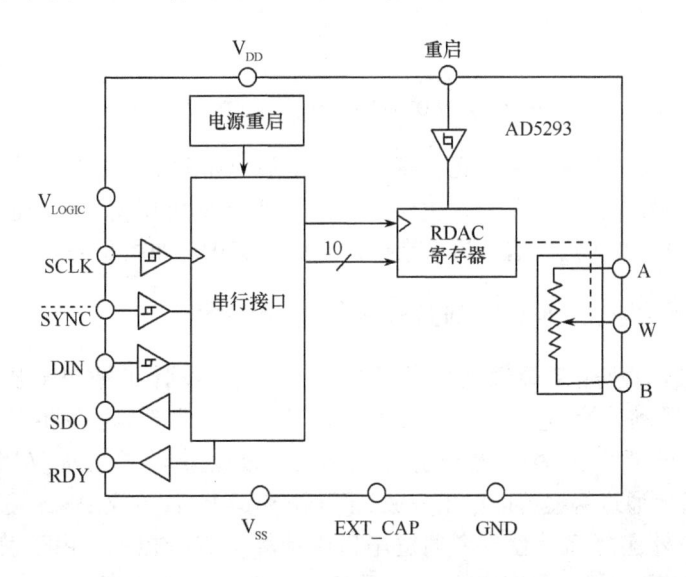

图 8-5 AD5293 芯片内部原理构造示意图

信号生成模块的核心芯片是 THS4131,其原理就是将由 MSP430 芯片产生的脉宽调制信号和一个直流信号输入到运算放大器 THS4131 中进行相减,产生所需要的方波信号。其构造如图 8-8 和图 8-9 所示。

电源模块采用了三端线性稳压器芯片 AMS1117(图 8-10),输出电压可调节为 1.5V_{rms}、1.8V_{rms}、2.5V_{rms}、3.3V_{rms}和 5V_{rms},电压调节精度为 1%,输出电流为 1A 时的低漏失电压为 1.2V_{rms},内部有过热保护电路和限流电路。

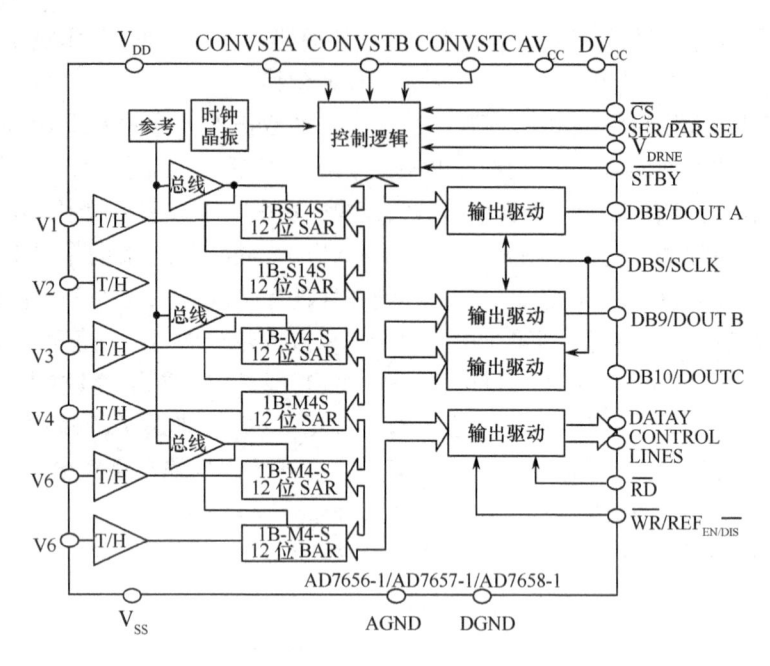

图 8-6 AD7658 芯片内部原理构造框图

低压驱动装置需要两个正负直流外部电源以串联的方式进行供电,装置所需的交流信号是由外部信号发生器输入,驱动装置的电压输出峰峰值为 $50V_{rms}$,调节精度可达 $0.1V_{rms}$,信号频率范围为 1Hz~10MHz,如图 8-11 所示。

8.3.2 数字显示屏双控制方式高压电控装置

为了适应液晶微透镜器件的高压驱动需求,设计了输出电压峰峰值达 $200V_{rms}$ 的驱动装置,电路内部所需交流信号不再由外部信号发生器提供,而是由专门的任意波形发生器电路模块提供,该模块的核心是 AD9833 芯片(图 8-12),通过编程可以输出方波、正弦波和锯齿波,该模块采用了数字控制方式,可以外连矩阵键盘或者通过串口由计算机进行控制。由于波形发生器(图 8-13)采用了电路模块的形式,并且整个装置由约 $220V_{rms}$ 的交流电源直接供电,不需外部的辅助设备,每路电压信号的输出都可以由外部数字矩阵键盘控制,并且增加了液晶显示输出模块。该装置采用了由 3 个集成运放 OPA454 组成的电压放大电路(图 8-14),输出电压的峰峰值可达 $200V_{rms}$。

高压驱动装置采用了矩阵式旋钮和矩阵键盘双控制方式(图 8-15),并采用了液晶面板对 16 路输出进行数字显示,这使电压调节和电压测试非常方便,可以用旋钮进行快速粗调而后用数字键盘进行微调,这样既加快了调节速度又提高了电压幅值精度,还可以通过液晶显示屏实时观测各路输出情况。

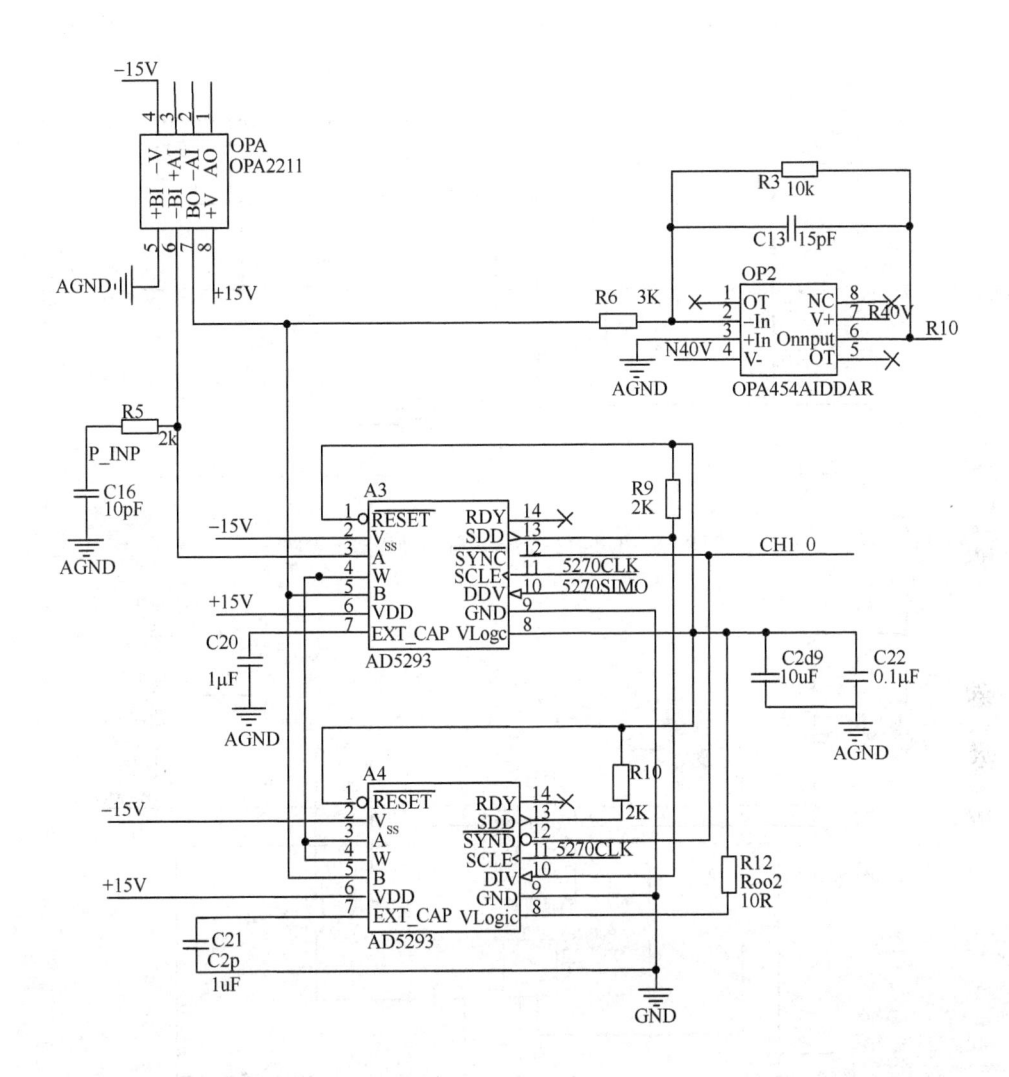

图 8-7 放大模块电路

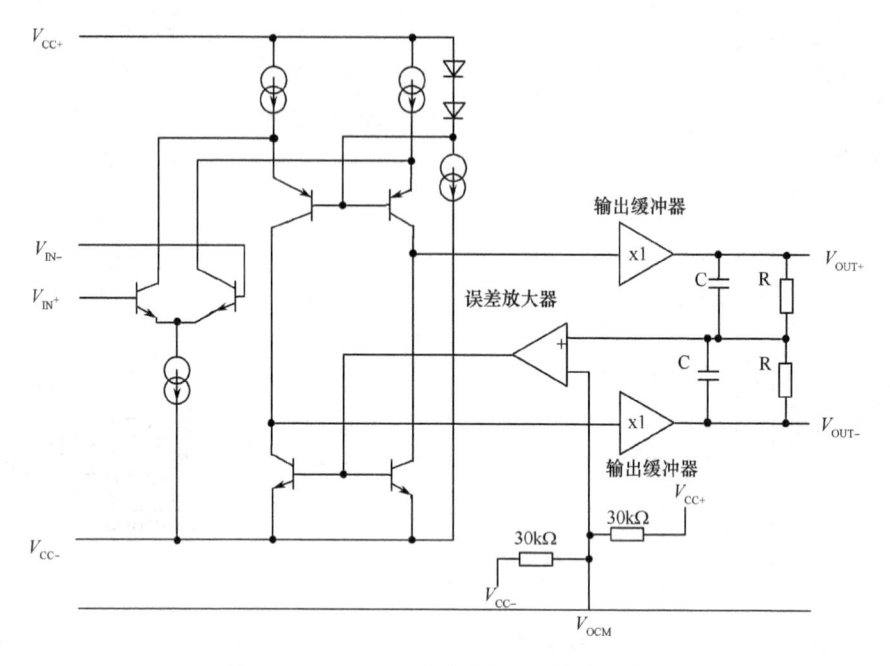

图 8-8 THS4131 芯片内部原理构造示意图

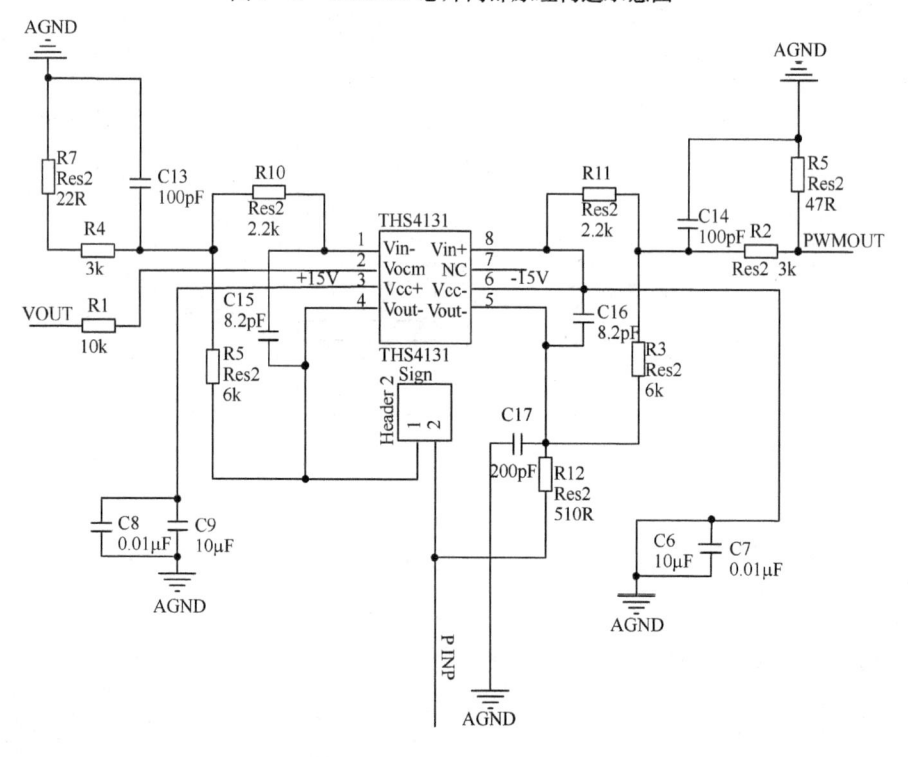

图 8-9 信号生成模块电路

150

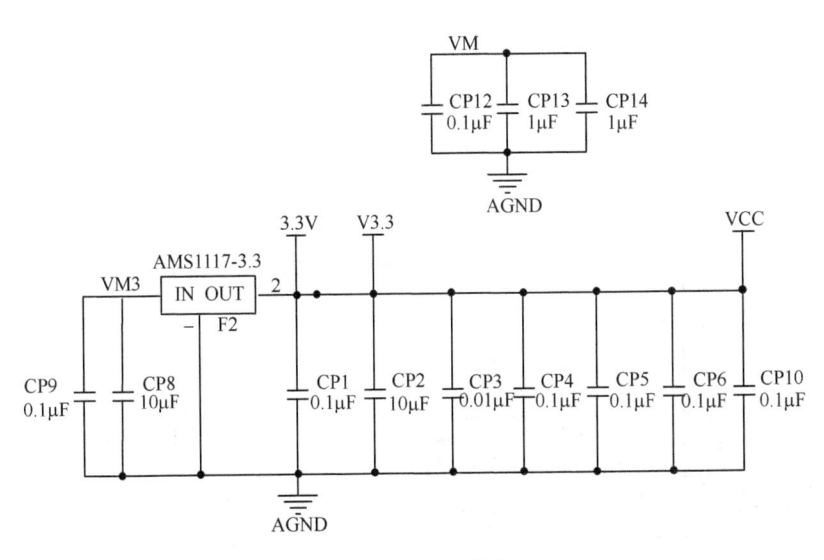

图 8-10　电源模块电路

(a) 主控模块

(b) 信号生成模块

(c) 信号放大模块

(d) 电控装置实体

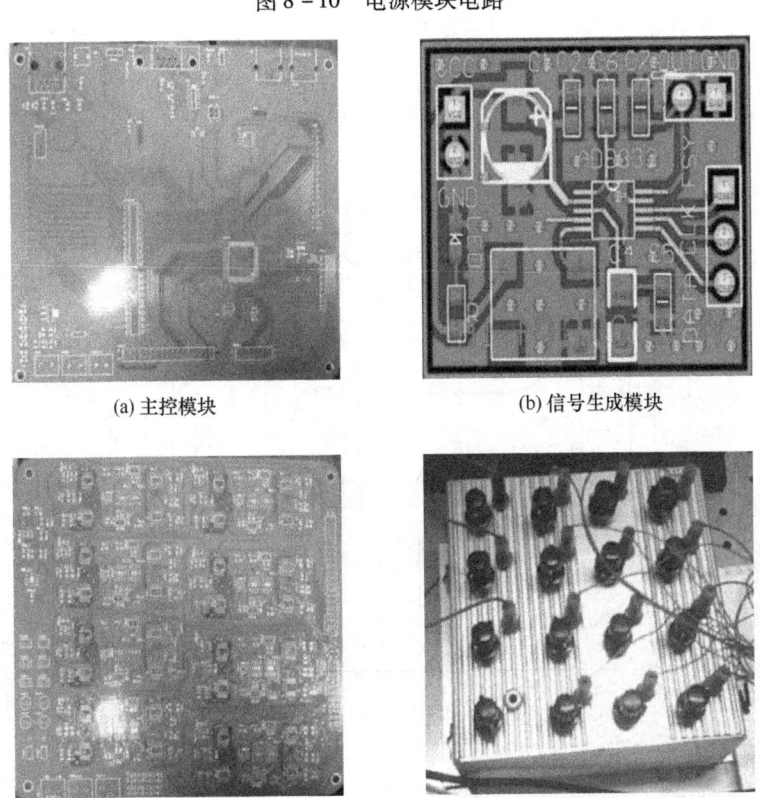

图 8-11　高精度低压旋钮式阵列驱动装置

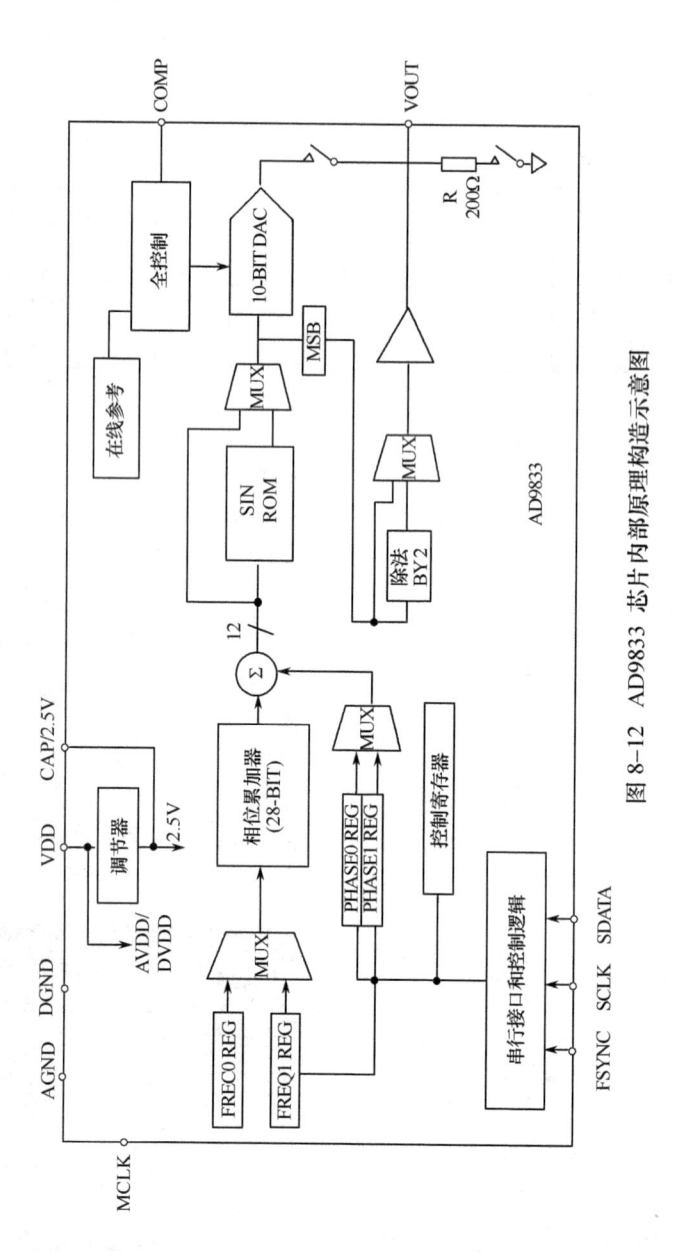

图 8-12 AD9833 芯片内部原理构造示意图

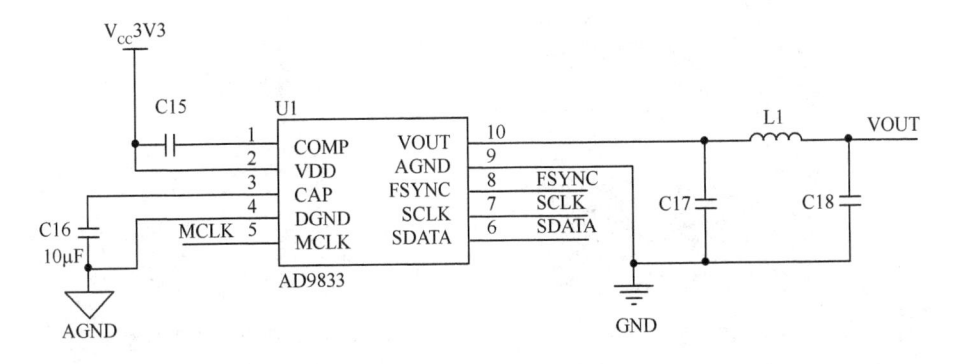

图 8-13 任意波形发生器电路

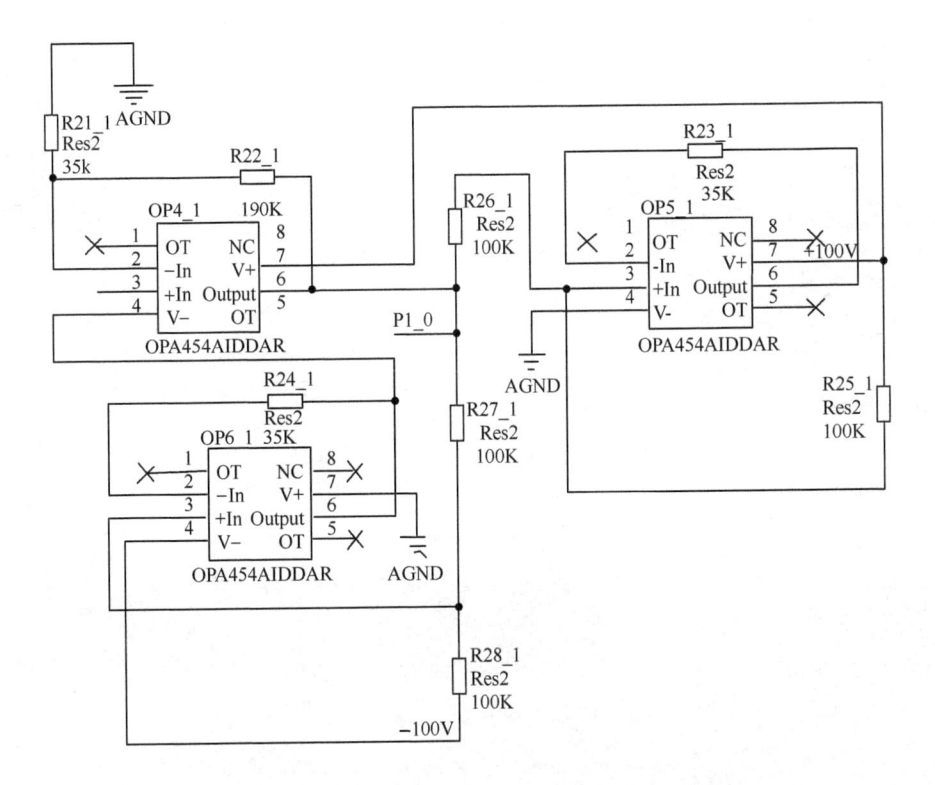

图 8-14 由 3 个运算放大器构成的组合放大电路

图 8-16 是使用阵列化电控装置驱控可寻址液晶透镜的聚焦测试结果,不同的输出端口连接不同的子电极阵列,连续调节各端口的输出电压幅值,使各子电极阵列模块分别聚焦。由于各阵列单元的尺寸不同,因而完全聚焦时的电压幅值也不同,此功能只能由阵列化电控装置来完成。

153

图 8-15 数字显示屏双控制方式高压电控装置

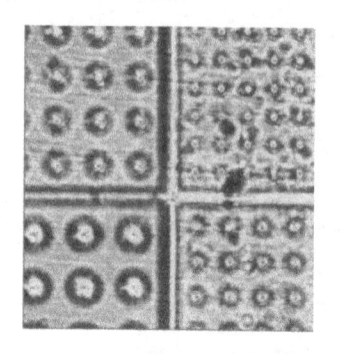

图 8-16 阵列化电控装置驱控可寻址液晶透镜的聚焦结果

参 考 文 献

[1] Soganci I M, Tanemura T, Williams K A, et al. Monolithically integrated InP 1 16 optical switch with wavelength – insensitive operation. Photonics Technology Letters, IEEE, 2010, 22 (3): 143 – 145.

[2] Farrington N, Porter G, Radhakrishnan S, et al. Helios: a hybrid electrical/optical switch architecture for modular data centers. ACM SIGCOMM Computer Commumication Review, 2011, 41 (4): 339 – 350.

[3] Hu G, Cui Y, Yun B, et al. A polymeric optical switch array based on arrayed waveguide grating structure. Optics Communications, 2007, 279 (1): 79 – 82.

[4] Jia C, Zhou J, Dong W, et al. Design and fabrication of silicon – based 8 × 8 MEMS optical switch array. Microelectronics Journal, 2009, 40 (1): 83 – 86.

[5] Gripp J, Duelk M, Simsarian J E, et al. Optical switch fabrics for ultra – high – capacity IP routers. Journal of Lightwave Technology, 2003, 21 (11): 2839 – 2850.

[6] Kang S G, Song M K, Park S S, et al. Fabrication of semiconductor optical switch module using laser welding technique. Advanced Packaging, 2000, 23 (4): 672 – 680.

[7] Ruzzu A, Haller D, Mohr J A, et al. Optoelectromechanical switch array with passively aligned free – space optical components. Journal of Lightwave Technology, 2003, 21 (3): 664 – 671.

[8] Minardi S, Arrighi G, Di Trapani P, et al. Solitonic all – optical switch based on the fractional talbot effect. Optics Letters, 2002, 27(23): 2097 – 2099.

[9] Yang J, Zhou Q, Chen R T. Polyimide – waveguide – based thermal optical switch using total – internal – reflection effect. Applied Physics Letters, 2002, 81(16): 2947 – 2949.

[10] Yang Y J, Liao B T, Kuo W C. A novel 2 × 2 MEMS optical switch using the split cross – bar design. Journal of Micromechanics and Microengineering, 2007, 17(5): 875 – 882.

[11] Banerjee A, Park Y, Clarke F, et al. Wavelength – division – multiplexed passive optical network (WDM – PON) technologies for broadband access: a review [Invited]. Journal of Optical Networking, 2005, 4(11): 737 – 758.

[12] Koshiba M. Wavelength division multiplexing and demultiplexing with photonic crystal waveguide couplers. Journal of Lightwave Technology, 2001, 19 (12): 1970 – 1975.

[13] Namiki S, Emori Y. Ultrabroad – band Raman amplifiers pumped and gain – equalized by wavelength – division – multiplexed high – power laser diodes. Selected Topics in Quantum Electronics, 2001, 7(1):3 – 16.

[14] Park S J, Lee C H, Jeong K T, et al. Fiber – to – the – home services based on wavelength – division – multiplexing passive optical network. Journal of Lightwave Technology, 2004, 22 (11): 2582 – 2591.

[15] D'orazio A, De Sario M, Petruzzelli V, et al. Photonic band gap filter for wavelength division multiplexer. Optics Express, 2003, 11 (3): 230 – 239.

[16] Sharkawy A, Shi S, Prather D W. Multichannel wavelength division multiplexing with photonic crystals. Applied Optics, 2001, 40 (14): 2247 – 2252.

[17] Tsao S L, Guo H C, Tsai C W. A novel 1 × 2 single – mode 1300/1550 nm wavelength division multiple-

xer with output facet – tilted MMI waveguide. Optics Communications, 2004, 232 (1): 371 –379.

[18] Kawata S, Hirose A. Coherent optical neural network that learns desirable phase values in the frequency domain by use of multiple optical – path differences. Optics Letters, 2003, 28(24): 2524 –2526.

[19] Wilson C L, Watson C I, Paek E G. Effect of resolution and image quality on combined optical and neural network fingerprint matching. Pattern Recognition, 2000, 33 (2): 317 –331.

[20] Kawata S, Hirose A. Coherent optical neural network that learns desirable phase values in the frequency domain by use of multiple optical – path differences. Optics Letters, 2003, 28 (24): 2524 –2526.

[21] Kypraios I I, Young R, Birch P, et al. Object recognition within cluttered scenes employing a hybrid optical neural network filter. Optical Engineering, 2004, 43 (8): 1839 –1850.

[22] Hong S J, May G S, Park D C. Neural network modeling of reactive ion etching using optical emission spectroscopy data. Semiconductor Manufacturing, 2003, 16 (4): 598 –608.

[23] Gradinaru V, Thompson K R, Zhang F, et al. Targeting and readout strategies for fast optical neural control in vitro and in vivo. The Journal of neuroscience : the official journal of the Society for Neuroscience, 2007, 27 (52): 14231 –14238.

[24] Aravanis A M, Wang L P, Zhang F, et al. An optical neural interface: in vivo control of rodent motor cortex with integrated fiberoptic and optogenetic technology. Journal of Neural Engineering, 2007, 4 (3): S143 –156.

[25] Kryzhanovsky B, Litinskii L, Fonarev A. Optical neural network based on the parametrical four – wave mixing process; proceedings of the Proceedings of the 9th International Conference on Neural Information Processing (ICONIP'02), Orchid Country Club, Singapore, 2002, 4:1704 –7.

[26] Hill M T, Frietman E E, De Waardt H, et al. All fiber – optic neural network using coupled SOA based ring lasers. Neural Networks, 2002, 13 (6): 1504 –1513.

[27] Chronis N, Liu G, Jeong K H, et al. Tunable liquid – filled microlens array integrated with microfluidic network. Optics Express, 2003, 11 (19): 2370 –2378.

[28] Gomez – Reino C, Perez M V, Bao C. Gradient – index optics: fundamentals and applications. Springer Press, 2002.

[29] Chan E P, Crosby A J. Fabricating microlens arrays by surface wrinkling. Advanced Materials, 2006, 18(24): 3238 –3242.

[30] Gordon J M. Spherical gradient – index lenses as perfect imaging and maximum power transfer devices. Applied Optics, 2000, 39 (22): 3825 –3832.

[31] Kip D, Anastassiou C, Eugenieva E, et al. Transmission of images through highly nonlinear media by gradient – index lenses formed by incoherent solitons. Optics Letters, 2001, 26 (8): 524 –526.

[32] Van Buren M, Riza N A. Foundations for low – loss fiber gradient – index lens pair coupling with the self – imaging mechanism. Applied Optics, 2003, 42(3): 550 –565.

[33] Göbel W, Kerr J N, Nimmerjahn A, et al. Miniaturized two – photon microscope based on a flexible coherent fiber bundle and a gradient – index lens objective. Optics Letters, 2004, 29 (21): 2521 –2523.

[34] Prost J. The physics of liquid crystals. Oxford University Press, 1995.

[35] 谢毓章. 液晶物理学. 北京:科学出版社,1998.

[36] 范志新. 液晶器件工艺基础. 北京:北京邮电大学出版社,2000.

[37] Sato S. Liquid – crystal lens – cells with variable focal length. Japanese Journal of Applied Physics, 1979, 18 (9): 1679 –1684.

[38] Wang B, Ye M, Sato S. Lens of electrically controllable focal length made by a glass lens and liquid – crystal layers. Applied Optics, 2004, 43 (17): 3420 – 3425.

[39] Nose T, Masuda S, Sato S. A liquid crystal microlens with hole – patterned electrodes on both substrates. Japanese Journal of Applied Physics, 1992, 31 (part 1): 1643 – 1646.

[40] Ye M, Wang B, Sato S. Driving of liquid crystal lens without disclination occurring by applying in – plane electric field. Japanese Journal of Applied Physics, 2003, 42 (8R): 5086 – 5089.

[41] Ye M, Wang B, Sato S. Liquid – crystal lens with a focal length that is variable in a wide range. Applied Optics, 2004, 43 (35): 6407 – 6412.

[42] Wang B, Ye M, Sato S. Liquid crystal lens with focal length variable from negative to positive values. Photonics Technology Letters, 2006, 18 (1): 79 – 81.

[43] Takahashi T, Ye M, Sato S. Wavefront aberrations of a liquid crystal lens with focal length variable from negative to positive values. Japanese Journal of Applied Physics, 2007, 46 (5R): 2926.

[44] Ye M, Wang B, Sato S. Double – layer liquid crystal lens. Japanese Journal of Applied Physics, 2004, 43 (3A): L352 – 354.

[45] Ye M, Sato S. Liquid crystal lens with insulator layers for focusing light waves of arbitrary polarizations. Japanese Journal of Applied Physics, 2003, 42 (10R): 6439.

[46] Wang B, Ye M, Sato S. Liquid crystal lens with stacked structure of liquid – crystal layers. Optics Communications, 2005, 250 (4): 266 – 273.

[47] Ye M, Hayasaka S, Sato S. Liquid crystal lens array with hexagonal – hole – patterned electrodes. Japanese Journal of Applied Physics, 2004, 43 (n9A): 6108 – 6111.

[48] Kawamura M, Nakamura K, Sato S. Liquid – crystal micro – lens array with two – divided and tetragonally hole – patterned electrodes. Optics Express, 2013, 21 (22): 26520 – 26526.

[49] Masuda S, Fujioka S, Honma M, et al. Dependence of optical properties on the device and material parameters in liquid crystal microlenses. Japanese Journal of Applied Physics, 1996, 35 (part 1): 4668 – 4672.

[50] Masuda S, Takahashi S, Nose T, et al. Liquid – crystal microlens with a beam – steering function. Applied Optics, 1997, 36 (20): 4772 – 4778.

[51] Ye M, Wang B, Sato S. Liquid crystal lens with focus movable in focal plane. Optics Communications, 2006, 259 (2): 710 – 722.

[52] Kishima K, Yoshida N, Osato K, et al. Liquid – crystal panel with microdots on an electrode used to modulate optical phase profiles. Applied Optics, 2006, 45 (15): 3489 – 3494.

[53] Axenov K V, Laschat S. Thermotropic ionic liquid crystals. Materials, 2011, 4 (1): 206 – 259.

[54] Ye M, Wang B, Uchida M, et al. Measurement of optical aberrations of liquid crystal lens. Japanese Journal of Applied Physics, 2013, 52 (4R): 042501 – 042505.

[55] Sato T, Awano H, Katagiri H, et al. Orientation and Polarized Optical Emission Properties of Platinum (II) Complexes in Smectic Liquid Crystals. European Journal of Inorganic Chemistry, 2013, 2013 (12): 2212 – 2219.

[56] Ren H, Wu S T. Tunable electronic lens using a gradient polymer network liquid crystal. Applied physics letters, 2002, 82 (1): 22 – 24.

[57] Ren H, Fan Y H, Wu S T. Tunable Fresnel lens using nanoscale polymer – dispersed liquid crystals. Applied Physics Letters, 2003, 83 (8): 1515 – 1517.

[58] Sun J, Xu S, Ren H, et al. Reconfigurable fabrication of scattering – free polymer network liquid crystal

prism/grating/lens. Applied Physics Letters, 2013, 102 (16): 161106-161109.
[59] Ren H, Wu S T. Adaptive liquid crystal lens with large focal length tunability. Optics Express, 2006, 14 (23): 11292-11298.
[60] Subota S L, Reshetnyak V Y, Ren H, et al. Tunable-focus liquid crystal lens with non-planar electrodes. Molecular Crystals and Liquid Crystals, 2010, 526 (1): 93-100.
[61] Ren H, Fan Y H, Gauza S, et al. Tunable-focus flat liquid crystal spherical lens. Applied Physics Letters, 2004, 84 (23): 4789-4791.
[62] Ren H, Fox D W, Wu B, et al. Liquid crystal lens with large focal length tunability and low operating voltage. Optics Express, 2007, 15 (18): 11328-11335.
[63] Li J, Wen C-H, Gauza S, et al. Refractive indices of liquid crystals for display applications. Display Technology, 2005, 1 (1): 51-61.
[64] Kao Y Y, Chao P C, Hsueh C W. A new low-voltage-driven GRIN liquid crystal lens with multiple ring electrodes in unequal widths. Optics Express, 2010, 18 (18): 18506-18518.
[65] Kao Y Y, Chao P C P. A new dual-frequency liquid crystal lens with ring-and-pie electrodes and a driving scheme to prevent disclination lines and improve recovery time. Sensors, 2011, 11 (5): 5402-5415.
[66] Lin Y H, Chen M S, Lin H C. An electrically tunable optical zoom system using two composite liquid crystal lenses with a large zoom ratio. Optics Express, 2011, 19 (5): 4714-4721.
[67] Chen H S, Lin Y H. An endoscopic system adopting a liquid crystal lens with an electrically tunable depth-of-field. Optics Express, 2013, 21 (15): 18079-18088.
[68] Lee C T, Li Y, Lin H Y, et al. Design of polarization-insensitive multi-electrode GRIN lens with a blue-phase liquid crystal. Optics Express, 2011, 19 (18): 17402-17407.
[69] Lin Y H, Chen H S, Chiang T H, et al. A reflective polarizer-free electro-optical switch using dye-doped polymer-stabilized blue phase liquid crystals. Optics Express, 2011, 19 (3): 2556-2561.
[70] Li H, Zhu C, Liu K, et al. Terahertz electrically controlled nematic liquid crystal lens. Infrared Physics & Technology, 2011, 54 (5): 439-444.
[71] Hui L, Kan L, Xinyu Z. 128×128 elements frequency driven liquid crystal lens array with tunable focal length. Acta Optica Sinica, 2010, 30 (1): 218-223.
[72] Hui L, Kan L, Xinyu Z, et al. Optical focusing feature of single element in 128×128 elements electrically controllable cylindrical liquid crystal lens array. Chinese Optics Letter, 2010, (3): 329-331.
[73] Zhang X, Li H, Liu K, et al. Switching frequency response characteristics of a low cost wireless power driving and controlling system for electrically tunable liquid crystal microlenses. Review of Scientific Instruments, 2011, 82 (1): 014701-014711.
[74] Liu K, Li H, Zhang X, et al. Development and characterization of an electrically tunable liquid-crystal Fabry-Perot hyperspectral imaging device. Journal of Applied Remote Sensing, 2011, 5 (1): 053539-053515.
[75] Walba D M, Körblova E, Shao R, et al. A ferroelectric liquid crystal conglomerate composed of racemic molecules. Science, 2000, 288 (5474): 2181-2184.
[76] Ge Z, Rao L, Gauza S, et al. Modeling of blue phase liquid crystal displays. Journal of Display Technology, 2009, 5 (7): 250-256.
[77] Yang D K, Cui Y, Nemati H, et al. Modeling aligning effect of polymer network in polymer stabilized ne-

matic liquid crystals. Journal of Applied Physics, 2013, 114 (24):243515 - 243520.

[78] Lopatina L M, Selinger J V. Polymer - disordered liquid crystals: Susceptibility to an electric field. Physical Review E, 2013, 88 (6):212 - 218.

[79] Liu Y F, Lan Y F, Hong Q, et al. Compensation Film Designs for High Contrast Wide - View Blue Phase Liquid Crystal Displays. Journal of Display Technology, 2014, 10 (1): 3 - 6.

[80] Miller D S, Wang X G, Abbott N L. Design of Functional Materials Based on Liquid Crystalline Droplets. Chemistry of Materials, 2014, 26 (1): 496 - 506.

[81] Kang S, Rong X, Zhang X, et al. Liquid crystal microlens with tunable - focus over focal plane driven by low - voltage signal; Proceedings of SPIE, 2012, Vol(8555):855519 - 6.

[82] Algorri J F, Love GD, Urruchi V. Modal liquid crystal array of optical elements. Optics Express, 2013, 21 (21): 24809 - 24818.

[83] Liang D, Wang Q H. Liquid Crystal Microlens Array Using Double Lenticular Electrodes. Journal of Display Technology, 2013, 9 (10): 814 - 818.

[84] Li L W, Bryant D, Van Heugten T, et al. Near - diffraction - limited and low - haze electro - optical tunable liquid crystal lens with floating electrodes. Optics Express, 2013, 21 (7): 8371 - 8381.

[85] Li C H, Lin H K. Effect of wavelength on the laser patterning of a cholesteric liquid crystal display electrode. Thin Solid Films, 2013, 529(1): 222 - 225.

[86] Kang S W, Qing T, Sang H S, et al. Ommatidia structure based on double layers of liquid crystal microlens array. Applied Optics, 2013, 52 (33): 7912 - 7918.

[87] Kang S W, Zhang X Y, Xie C S, et al. Liquid - crystal microlens with focus swing and low driving voltage. Applied Optics, 2013, 52 (3): 381 - 387.

[88] Kang S, Zhang X, Sang H, et al. Ring patterned electrode driven by electrical signal liquid crystal microlens with focus tunable, Proceedings of SPIE, 2013, Vol(8917):8917021 - 7.

[89] Kang S, Zhang X, Sang H, et al. The focal spot shape and point spread function of liquid crystal microlens with different pattern electrodes; Proceedings of SPIE, 2013, Vol(8911):89110T1 - 7.

[90] Kang S W, Zhang X Y. Liquid crystal microlens with dual apertures and electrically controlling focus shift. Applied Optics, 2014, 53 (2):244 - 248.

[91] Ren H, Fan Y H, Gauza S, et al. Tunable - focus cylindrical liquid crystal lens. Japanese Journal of Applied Physics, 2004, 43 (2R): 652 - 653.

[92] Lin C H, Chen C H, Chiang R H, et al. Dual - Frequency Liquid - Crystal Lenses Based on a Surface - Relief Dielectric Structure on an Electrode. Ieee Photonics Technology Letters, 2011, 23 (24): 1875 - 1877.

[93] Huang S Y, Tung T C, Jau H C, et al. All - optical controlling of the focal intensity of a liquid crystal polymer microlens array. Applied Optics, 2011,50 (30): 5883 - 5888.

[94] Li H, Zhu C, Liu K, et al. Terahertz electrically controlled nematic liquid crystal lens. Infrared Physics & Technology, 2011, 54(5):439 - 444.

[95] Hwang S J, Liu Y X, Porter G A. Tunable liquid crystal microlenses with crater polymer prepared by droplet evaporation. Optics Express, 2013, 21 (25): 30731 - 30738.

[96] Ozaki M, Kasano M, Ganzke D, et al. Mirrorless Lasing in a Dye - Doped Ferroelectric Liquid Crystal. Advanced Materials, 2002, 14 (4): 306 - 309.

[97] Liu Y F, Ren H, Xu S, et al. Adaptive Focus Integral Image System Design Based on Fast - Response

Liquid Crystal Microlens. Journal of Display Technology, 2011, 7 (12): 674-678.

[98] Jashnsaz H, Nataj N H, Mohajerani E, et al. All-optical switchable holographic Fresnel lens based on azo-dye-doped polymer-dispersed liquid crystals. Applied Optics, 2011, 50 (22): 4295-4301.

[99] Jashnsaz H, Mohajerani E, Nemati H, et al. Electrically switchable holographic liquid crystal/polymer Fresnel lens using a Michelson interferometer. Applied Optics, 2011, 50 (17): 2701-2707.

[100] Brooker G, Siegel N, Rosen J, et al. In-line FINCH super resolution digital holographic fluorescence microscopy using a high efficiency transmission liquid crystal GRIN lens. Optics Letters, 2013, 38 (24): 5264-5267.

[101] Heo K C, Yu S H, Kwon J H, et al. Thermally tunable-focus lenticular lens using liquid crystal. Applied Optics, 2013, 52 (35): 8460-8464.

[102] Han J I. IR Sensor Synchronizing Active Shutter Glasses for 3D HDTV with Flexible Liquid Crystal Lenses. Sensors, 2013, 13 (12): 16583-16590.

[103] Pfrommer B G., Côté M, Louie S G, et al. Relaxation of crystals with the quasi-Newton method. Journal of Computational Physics, 1997, 131 (1): 233-240.

[104] Zhai Q, Guan X, Cui J. Unit commitment with identical units successive subproblem solving method based on Lagrangian relaxation. Power Systems, 2002, 17 (4): 1250-1257.

[105] Konnov I, Schaible S, Yao J C. Combined relaxation method for mixed equilibrium problems. Journal of Optimization Theory and Applications, 2005, 126 (2): 309-322.

[106] Maeda S. The similarity method for difference equations. Journal of Applied Mathematics, 1987, 38 (2): 129-134.

[107] Shin W J, Cho S Y, Lee J B, et al. Numerical 3-D FEM simulation of tensor model for liquid crystal displays. Journal of Materials Processing Technology, 2008, 201 (1): 60-63.

[108] Aoi S, Fujiwara H. 3D finite-difference method using discontinuous grids. Bulletin of the Seismological Society of America, 1999, 89 (4): 918-930.

[109] Rong X, Kang S, Zhang X, et al. Three-dimensional modeling of nematic liquid crystal micro-optics structures with complex patterned electrodes; Proceedings of SPIE, 2012, Vol(8555):85551T-6..

[110] Mei Z, Kang S, Zhang X, et al. Simulation of nematic liquid crystal focal-swing microlens and analysis of the disclination lines; Proceedings of SPIE, 2013, Vol(8917):89170C1-7.

[111] Mori, Hiroyuki, Eugene C. Gartland Jr, et al. Multidimensional director modeling using the Q tensor representation in a liquid crystal cell and its application to the π cell with patterned electrodes. Japanese journal of applied physics, 1999, 38(1R):135.

[112] Shin W J, Sang Y C, Jung-Bok Lee, et al. Numerical 3-D FEM simulation of tensor model for liquid crystal displays. journal of materials processing technology, 2008,201(1):60-63.

[113] Ge Zhibing, Thomas X. Wu Ruibo Lu, et al. Comprehensive three-dimensional dynamic modeling of liquid crystal devices using finite element method. Display Technology, 2005, 1(2):194-206.

[114] 钟建. 液晶显示器件技术. 北京:国防工业出版社, 2014.

[115] Anastasis C. Polycarpou. Introduction to the Finite Element Method in Electromagnetics. Morgan & Claypool, 2006.

[116] Davis J A, Mcnamara D E, Cottrell D M, et al. Two-dimensional polarization encoding with a phase-only liquid-crystal spatial light modulator. Applied Optics, 2000, 39 (10): 1549-1554.

[117] Frumker E, Silberberg Y. Femtosecond pulse shaping using a two-dimensional liquid-crystal spatial

light modulator. Optics Letters, 2007, 32 (11): 1384-1386.
[118] Hu L, Xuan L, Liu Y, et al. Phase-only liquid crystal spatial light modulator for wavefront correction with high precision. Optics Express, 2004, 12 (26): 6403-6409.
[119] Fernández E J, Považay B, Hermann B, et al. Three-dimensional adaptive optics ultrahigh-resolution optical coherence tomography using a liquid crystal spatial light modulator. Vision research, 2005, 45 (28): 3432-3444.
[120] Kinoshita M, Takeda M, Yago H, et al. Optical frequency-domain imaging microprofilometry with a frequency-tunable liquid-crystal Fabry-Perot etalon device. Applied Optics, 1999, 38 (34): 7063-7068.
[121] Huang Y, Wu T X, Wu S T. Simulations of liquid-crystal Fabry-Perot etalons by an improved 4×4 matrix method. Journal of Applied Physics, 2003, 93 (5): 2490-2495.
[122] Zhuang Z, Kim Y J, Patel J S. Behavior of the cholesteric liquid-crystal fabry-perot cavity in the bragg reflection band. Physical Review Letters, 2000, 84 (6): 1168-1171.
[123] Mehta D S, Hinosugi H, Saito S, et al. Spectral interferometric microscope with tandem liquid-crystal Fabry-Perot interferometers for extension of the dynamic range in three-dimensional step-height measurement. Applied Optics, 2003, 42 (4): 682-690.
[124] Alboon S A, Lindquist R G. Flat top liquid crystal tunable filter using coupled Fabry-Perot cavities. Optics Express, 2008, 16 (1): 231-236.
[125] Ha N, Woo Y K, Park B, et al. Self-Assembled Silica Photonic Crystal as a Liquid-Crystal Alignment Layer and its Electro-optic Applications in Fabry-Perot Cavity Structures. Advanced Materials, 2004, 16 (19): 1725-1729.
[126] Wen B, Petschek R G, Rosenblatt C. Nematic liquid-crystal polarization gratings by modification of surface alignment. Applied Optics, 2002, 41 (7): 1246-1250.
[127] Crawford G P, Eakin J N, Radcliffe M D, et al. Liquid-crystal diffraction gratings using polarization holography alignment techniques. Journal of Applied Physics, 2005, 98 (12): 123102.
[128] Provenzano C, Pagliusi P, Cipparrone G. Highly efficient liquid crystal based diffraction grating induced by polarization holograms at the aligning surfaces. Applied Physics Letters, 2006, 89 (12): 121105-121108.
[129] Titus C M, Kelly J R, Gartland E C, et al. Asymmetric transmissive behavior of liquid-crystal diffraction gratings. Optics Letters, 2001, 26 (15): 1188-1190.
[130] Zhang J, Ostroverkhov V, Singer K D, et al. Electrically controlled surface diffraction gratings in nematic liquid crystals. Optics Letters, 2000, 25 (6): 414-416.
[131] 刘德森. 微小光学与微透镜阵列[M]. 北京:科学出版社,2013.
[132] 张以谟. 应用光学[M]. 北京:电子工业出版社,2012.
[133] 赵凯华,钟锡华. 光学[M]. 北京:北京大学出版社,2008.
[134] 吕乃光. 傅里叶光学[M]. 北京:机械工业出版社,2006.
[135] Li D, Ai Q, Xia X. Optical Constants Determination of Zinc Selenide by Inversing Transmittance Spectrogram. Spectroscopy and Spectral Analysis, 2013, 33 (4): 930-934.